高职高专机电类工学结合模式教材

UG数控自动编程加工

阎竞实 王锐 主编

王萍 于济群 高玉侠 副主编

U0283341

清华大学出版社

北京

内 容 简 介

本书以高等职业院校学生为对象，按照工作任务导向的教学模式，讲解 UG 自动编程方法（以 UG NX 8.5 为例），内容由浅入深、由简到繁，强调系统性和直观性，详细介绍 UG CAM 数控自动编程相关知识，引导读者学会使用 UG 软件进行数控编程加工。全书分为 10 个模块，内容包括 CAM 自动编程基础、平面铣、面铣、型腔铣、深度加工轮廓铣、固定轮廓铣、孔加工、雕刻加工、可变轮廓铣和摩擦圆盘压铸模腔的自动编程加工综合实例，分别以典型零件加工为载体，采用理论与实践相结合的方法讲解编程技巧。通过本书中工作任务的学习，能够使读者掌握自动编程知识和操作技能，达到举一反三、灵活应用的目的。

本书可作为高等职业院校数控专业的教材，也可作为企业、职业培训班数控培训教材和广大数控加工技术人员的参考资料。

图书在版编目（CIP）数据

UG 数控自动编程加工/阎竞实，王锐主编. —北京：清华大学出版社，2017(2024.1重印)
（高职高专机电类工学结合模式教材）
ISBN 978-7-302-47601-6

Ⅰ. ①U… Ⅱ. ①阎… ②王… Ⅲ. ①数控机床－加工－计算机辅助设计－应用软件－高等职业教育－教材 Ⅳ. ①TG659-39

中国版本图书馆 CIP 数据核字（2017）第 154975 号

责任编辑：刘翰鹏
封面设计：傅瑞学
责任校对：刘　静
责任印制：沈　露

出版发行：清华大学出版社
　　　　网　　　址：https://www.tup.com.cn，https://www.wqxuetang.com
　　　　地　　　址：北京清华大学学研大厦 A 座　　　　　　邮　　编：100084
　　　　社 总 机：010-83470000　　　　　　　　　　　　邮　　购：010-62786544
　　　　投稿与读者服务：010-62776969，c-service@tup.tsinghua.edu.cn
　　　　质量反馈：010-62772015，zhiliang@tup.tsinghua.edu.cn
　　　　课件下载：https://www.tup.com.cn，010-83470410

印 装 者：大厂回族自治县彩虹印刷有限公司
经　　销：全国新华书店
开　　本：185mm×260mm　　　　印　张：17.25　　　　字　数：393 千字
版　　次：2017 年 9 月第 1 版　　　　　　　　　　　印　次：2024 年 1 月第 8 次印刷
定　　价：49.00 元

产品编号：072361-02

Unigraphics(简称 UG)是目前数控加工行业中应用最广泛的软件之一,是由美国 Unigraphics Solutions 公司开发的集 CAD、CAM、CAE 于一体的多功能三维参数化软件,它是世界最先进的计算机辅助设计、制造和分析软件之一,在机械、汽车、模具、航空、航天和消费类电子产品等设计、制造企业中得到了极为广泛的应用,极大地提高了用户的设计、制造能力和水平。

UG CAM 提供了铣削加工、车削加工、点位加工和电火花线切割加工等多种加工方法,它主要承担 NC 编程的任务,根据已有 CAD 模型数据进行刀位轨迹的自动计算,并保持与模型完全相关,最终实现产品的加工制造。

为加强职业教育教材建设,保证教学资源基本质量,本书根据职业教育形势下数控专业的课程体系和培养目标,结合现阶段的教学实际进行编写。全书共分为 10 个模块,内容由浅入深、由简到繁,强调系统性和直观性,详细介绍了 UG CAM 数控自动编程相关知识,采用理论与实践相结合的方法,培养学生完整的思想体系,特别在解决问题的方式、方法上注重对学生能力的培养,以帮助学生明确意图,理清思路,掌握技巧,达到举一反三、灵活应用的学习目的。本书教学建议采用 48 学时,教师也可以根据实际情况,对本书内容适当取舍。

模块 1 主要介绍 CAM 自动编程基础知识,包括进入编程环境、检查与分析加工几何体、建立加工坐标系、创建基本信息、后处理输出 G 代码等,并以可乐瓶底零件的加工贯穿整个学习过程。模块 2 主要介绍平面铣,包括创建平面铣操作、设置操作参数、平面铣的二次粗加工等,并以垫块零件的加工贯穿整个学习过程。模块 3 主要介绍面铣,包括创建面铣操作、面铣粗加工、面铣和平面铣精加工的区别等,并以阶梯台零件的加工贯穿整个学习过程。模块 4 主要介绍型腔铣,包括创建型腔铣操作,设置操作参数等,并以连杆零件的加工贯穿整个学习过程。模块 5 主要介绍深度加工轮廓铣,包括创建深度加工轮廓铣操作,设置操作参数等,并以锥度体零件的加工贯穿整个学习过程。模块 6 主要介绍固定轮廓铣,包括创建固定轮廓铣操作,设置操作参数等,并以圆顶盎凸模零件的加工贯穿整个学习过程。模块 7 主要介绍孔加工,包括创建孔加工操作,设置操作参数等,并以定位台板零件的加工贯穿整个学习过程。模块 8 主要介绍雕刻加工,包括创建雕刻操作,设置操作参数等,并以工作室标牌零件的加工贯穿整个学习过程。模块9主要介绍可变轮廓铣,包括创建可变轮廓铣操作、设置操作参数、创建顺序铣等,并以凸轮槽零件的加工贯穿整个学习过程。模块10利用摩擦圆盘压铸模腔零件的典型综合加工实例完整地讲解了自动编程加工的基本过程及操作方法。

本书由阎竞实、王锐任主编,王萍、于济群、高玉侠任副主编。由阎竞实编写模块6和模块7,王锐编写模块1、模块2、模块3和模块9,王萍编写模块8和模块10,于济群编写模块4,于济群和高玉侠共同编写模块5,参与编写的还有王刚、于周男、王丛瑞、孙增晖。阎竞实和高玉侠负责制作电子课件,王锐负责录制视频文件。

为便于广大读者的学习,本书配有丰富的学习素材,包含电子课件、案例源文件、操作参考视频和习题源文件等,可通过清华大学出版社网站(www.tup.tsinghua.edu.cn)的本书页面下载。书中的任务实施配有参考视频,可通过微信扫一扫功能扫描观看,文件亦可推送至邮箱后下载观看。本书既可作为高等职业院校数控专业的教材,也可以作为企业、职业培训班的数控培训教材;本书不但适用于CAM初学者,也是专业数控加工技术人员的参考资料。

在本书编写过程中,编者参阅了大量UG软件方面的有关教材和资料,对相应作者表示衷心的感谢。由于作者水平有限,书中难免有纰漏和不足之处,恳请各校师生及广大读者批评指正。

编　者

2017 年 6 月

CAM自动编程基础
——可乐瓶底加工一般过程

本模块主要讲述自动编程加工的基本过程,其构建思路为首先进入UG编程环境;其次对几何体进行分析和检查,建立加工坐标系与安全平面;再次体验UG编程的基本过程,包括创建程序、创建方法、创建刀具和创建操作等内容;最后介绍后处理的相关知识。通过本模块的学习,使读者能够了解UG CAM基础知识(以UG NX 8.5为例),同时掌握自动编程的一般过程,为后续编程加工的学习奠定基础。

任务1.1 进入UG编程环境

 学习目标

本任务使读者认识UG软件,了解软件基本界面,学会新建、打开以及导入文件的一般方法,学会选择操作模板的方法,以及掌握常用工具条的含义。

 任务描述

独立操作新建文件、打开文件、导入已有文件的过程,选择操作模板类型,定制常用编程工具条。

 知识链接

1.1.1 UG概述

Unigraphics(简称UG)是集CAD、CAE、CAM于一体的三维参数化软件,是当今世界最先进的计算机辅助设计、分析和制造软件,广泛应用于航空、航天、汽车、造船、通用机械和电子等工业领域。

计算机辅助设计(Computer Aided Design,CAD),运用计算机软件制作并模拟实物设计,展现新开发商品的外形、结构、色彩、质感等特色。随着技术的不断发展CAD应该不仅仅适用于工业,还被广泛运用于平面印刷出版等诸多领域。它同时涉及软件和专用的硬件。

计算机辅助工程(Computer Aided Engineering,CAE)是用计算机辅助求解复杂工程和产品结构强度、刚度、屈曲稳定性、动力响应、热传导、三维多体接触、弹塑性等力学性能的分析计算以及结构性能的优化设计等问题的一种近似数值分析方法。其基本思想是将一个形状复杂的连续体的求解区域分解为有限的形状简单的子区域,即将一个连续体简化为由有限个单元组合的等效组合体;通过将连续体离散化,把求解连续体的场变量(应力、位移、压力和温度等)问题简化为求解有限的单元节点上的场变量值。此时求解的基本方程将是一个代数方程组,而不是原来描述真实连续体场变量的微分方程组,得到的是近似的数值解,求解的近似程度取决于所采用的单元类型、数量以及对单元的插值函数。

计算机辅助制造(Computer-aided Manufacturing,CAM)是工程师大量使用产品生命周期管理计算机软件的产品元件制造过程。CAD中生成的元件三维模型用于生成驱动数字控制机床的计算机数控代码。这包括工程师选择工具的类型、加工过程以及加工路径。

Unigraphics CAD/CAM/CAE系统提供了一个基于过程的产品设计环境,使产品开发从设计到加工真正实现了数据的无缝集成,从而优化了企业的产品设计与制造。UG面向过程驱动的技术是虚拟产品开发的关键技术,在面向过程驱动技术的环境中,用户的全部产品以及精确的数据模型能够在产品开发全过程的各个环节保持相关,从而有效地实现了并行工程。

该软件不仅具有强大的实体造型、曲面造型、虚拟装配和产生工程图等设计功能;而且,在设计过程中可进行有限元分析、机构运动分析、动力学分析和仿真模拟,提高设计的可靠性;同时,可用建立的三维模型直接生成数控代码,用于产品的加工,其后处理程序支持多种类型数控机床。另外它所提供的二次开发语言UG/Open GRIP、UG/Open API简单易学,实现功能多,便于用户开发专用CAD系统。

1. UG软件的特点

具体来说,UG软件具有以下特点。

(1)具有统一的数据库,真正实现了CAD/CAE/CAM等各模块之间的无数据交换的自由切换,可实施并行工程。

(2)采用复合建模技术,可将实体建模、曲面建模、线框建模、显示几何建模与参数化建模融为一体。

(3)用基于特征(如孔、凸台、型胶、槽沟、倒角等)的建模和编辑方法作为实体造型基础,形象直观,类似于工程师传统的设计办法,并能用参数驱动。

(4)曲面设计采用非均匀有理B样条作基础,可用多种方法生成复杂的曲面,特别适合于汽车外形设计、汽轮机叶片设计等复杂曲面造型。

(5)出图功能强,可十分方便地从三维实体模型直接生成二维工程图。能按ISO标准和国标标注尺寸、形位公差和汉字说明等。并能直接对实体做旋转剖、阶梯剖和轴测图挖切生成各种剖视图,增强了绘制工程图的实用性。

(6) 以 Parasolid 为实体建模核心,实体造型功能处于领先地位。目前著名的 CAD/CAE/CAM 软件均以此作为实体造型基础。

(7) 提供了界面良好的二次开发工具 GRIP(Graphical Interactive Programing)和 UFUNC(User Function),并能通过高级语言接口,使 UG 的图形功能与高级语言的计算功能紧密结合起来。

(8) 具有良好的用户界面,绝大多数功能都可通过图标实现;进行对象操作时,具有自动推理功能;同时,在每个操作步骤中,都有相应的提示信息,便于用户做出正确的选择。

UG 是靠各功能模块来实现不同的用途,除以上介绍的常用的 CAD 模块、CAE 模块和 CAM 模块外,UG 还有其他一些功能模块。如用与钣金设计的钣金模块(UG/Sheet Metal Design)、用与管路设计的管道与布线模块(UG/Routing、UG/Harness)、供用户进行二次开发的,由 UG/Open GRIP、UG/Open API 和 UG/Open＋＋组成的 UG 开发模块(UG/Open)等。以上模块构成了 UG 的强大功能。

2. CAM 模块组成

本书主要学习 UG 的自动编程加工,CAM 模块由以下几部分组成。

1) UG/CAM Base(基础)

UG 加工基础模块提供如下功能:在图形方式下观测刀具沿轨迹运动的情况,进行图形化修改,如对刀具轨迹进行延伸、缩短或修改等;点位加工编程功能,用于钻孔、攻丝和镗孔等;按用户需求进行灵活的用户化修改和剪裁、定义标准化刀具库、加工工艺参数样板库使初加工、半精加工、精加工等操作常用参数标准化,以减少使用培训时间并优化加工工艺。

2) UG/Data Exchange(UG 数据交换)

UG/Data Exchange 数据交换模块提供基于 STEP、IGES 和 DXF 标准的双向数据接口功能。

3) UG/Vericut(UG 切削仿真)

UG/Vericut 切削仿真模块是集成在 UG 软件中的第三方模块,它采用人机交互方式模拟、检验和显示 NC 加工程序,是一种方便的验证数控程序的方法。由于省去了试切样件,可节省机床调试时间,减少刀具磨损和机床清理工作。通过定义被切零件的毛坯形状,调用 NC 刀位文件数据,就可检验由 NC 生成的刀具路径的正确性。UG/Vericut 可以显示出加工后并着色的零件模型,用户可以容易的检查出不正确的加工情况。作为检验的另一部分,该模块还能计算出加工后零件的体积和毛坯的切除量,因此就容易确定原材料的损失。Vericut 提供了许多功能,其中有对毛坯尺寸、位置和方位的完全图形显示,可模拟 2～5 轴联动的铣削和钻削加工。

4) UG/Postprocessing(后处理)

UG 的加工后置处理模块使用户可方便地建立自己的加工后置处理程序,该模块适用于目前世界上几乎所有主流 NC 机床和加工中心,该模块在多年的应用实践中已被证明适用于 2~5 轴或更多轴的铣削加工、2~4 轴的车削加工和电火花线切割。

5) UG/Core & Cavity Milling(型芯和型腔铣)

UG 型芯、型腔铣削可完成粗加工单个或多个型腔,沿任意类似型芯的形状进行粗加工,对非常复杂的形状产生刀具运动轨迹,确定走刀方式,通过容差型腔铣削可加工设计精度低、曲面之间有间隙和重叠的形状,而构成型腔的曲面可达数百个。发现型面异常时,它可以或自行更正,或者在用户规定的公差范围内加工出型腔。

6) UG/Fixed-Axis Milling(固定轴铣)

UG 定轴铣削模块功能实现描述如下:产生 3 轴联动加工刀具路径、加工区域选择功能、多种驱动方法和走刀方式可供选择,如沿边界切削、放射状切削、螺旋切削及用户定义方式切削,在沿边界驱动方式中又可选择同心圆和放射状走刀等多种走刀方式,提供逆铣、顺铣控制以及螺旋进刀方式,自动识别前道工序未能切除的未加工区域和陡峭区域,以便用户进一步清理这些地方。UG 固定轴铣削可以仿真刀具路径,产生刀位文件,用户可接受并存储刀位文件,也可删除并按需要修改某些参数后重新计算。

7) UG/Flow Cut(自动清根)

自动找出待加工零件上满足"双相切条件"的区域,一般情况下这些区域正好就是型腔中的根区和拐角。用户可直接选定加工刀具,UG/Flow Cut 模块将自动计算对应于此刀具的"双相切条件"区域作为驱动几何,并自动生成一次或多次走刀的清根程序。当出现复杂的型芯或型腔加工时,该模块可减少精加工或半精加工的工作量。

8) UG/Variable Axis Milling(可变轴铣)

UG 可变轴铣削模块支持定轴和多轴铣削功能,可加工 UG 造型模块中生成的任何几何体,并保持主模型相关性。该模块提供多年工程使用验证的 3~5 轴铣削功能,提供刀轴控制、走刀方式选择和刀具路径生成功能。

9) UG/Sequential Milling(顺序铣)

UG 顺序铣模块可控制刀具路径生成过程中的每一步骤的情况,支持 2~5 轴的铣削编程。编程过程和主模型完全相关,以自动化的方式,获得类似 APT 直接编程一样的绝对控制,允许用户交互式地一段一段地生成刀具路径,并保持对过程中每一步的控制,提供的循环功能使用户可以仅定义某个曲面上最内和最外的刀具路径,由该模块自动生成中间的步骤。该模块是 UG 数控加工模块中如自动清根等功能一样的 UG 特有模块,适合于高难度的数控程序编制。

10) UG/Nurbs PathGenerator(UG/Nurbs 样条轨迹生成器)

UG/Nurbs 样条轨迹生成器模块允许在 UG 软件中直接生成基于 Nurbs 样条的刀具轨迹数据,使得生成的轨迹拥有更高的精度和光洁度,而加工程序量比标准格式减少 30%~50%,实际加工时间则因为避免了机床控制器的等待时间而大幅度缩短。该模块是希望使用具有样条插值功能的高速铣床(FANUC 或 SIEMENS)用户必备工具。

11) UG/Lathe(车)

UG 车削模块提供粗车、多次走刀精车、车退刀槽、车螺纹和钻中心孔、控制进给量、主轴转速和加工余量等参数。在屏幕模拟显示刀具路径,可检测参数设置是否正确,并生成刀位原文件(CLS)等功能。

12) UG/Wire EDM(线切割)

UG 线切割支持如下功能：UG 线框模型或实体模型、进行 2 轴和 4 轴线切割加工、多种线切割加工方式，如多次走刀轮廓加工、电极丝反转和区域切割、支持定程切割，使用不同直径的电极丝和功率大小的设置，可以用 UG/Postprocessing 通用后置处理器来开发专用的后处理程序，生成适用于某个机床的机床数据文件。

1.1.2　进入 UG 编程环境

1. 启动 UG 的方法

启动 UG 有两种常用的方法，第一种方法是双击桌面 UG 快捷图标 进行启动，第二种方法是依次选择"开始"→"程序"→Siemens NX 8.5→NX 8.5 命令启动软件。

软件启动后首先进入 UG 的基本环境界面，如图 1-1 所示，在此还没有真正进入 UG，必须新建一个文件或者打开一个已存在 UG. part 文件才能进入。需要注意的是，UG 软件不支持中文的文件名，在文件及所在的路径中都不能含有中文字符。

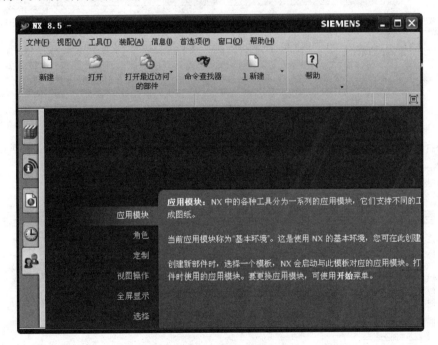

图 1-1　UG 基本环境界面

（1）打开一个文件可以直接通过选择"文件"→"打开"命令或者单击图标 打开一个格式为. part 的 UG 文件，注意 UG 高版本可以打开低版本的. part 文件。

（2）新建一个文件可以直接通过单击图标 或者选择"文件"→"新建"命令，弹出"新建"对话框，如图 1-2 所示，在此对话框中指定文件的单位、文件名称、保存的目录位置后，单击"确定"按钮即可进入 UG 默认的建模环境。

每次新建一个文件时都会弹出同样的对话框，而且都是同一默认的文件名称和保存目录，那么怎样修改能让软件在每次打开后都默认保存到想要的目录呢？

图 1-2　"新建"对话框

选择"文件"→"实用工具"→"用户默认设置"命令,弹出"用户默认设置"对话框,单击"常规"→"目录"选项卡,在"部件文件目录"中输入自己想要保存的文件位置,如图 1-3 所示。

图 1-3　用户默认设置

(3) 导入一个文件可以选择"文件"→"导入"命令,选择. step、. iges 或者其他格式的文件。

那么,为什么要导入一个文件呢,因为在零件的整个设计和加工过程中,可能会涉及很多部门来协同完成,这样就会经常需要在不同的CAD/CAM软件之间进行数据的转换,其他的CAD/CAM软件做出零件模型,一般情况下要进入UG都是先转换为.iges或.step等普遍使用的文件格式后,再被UG导入。

2. 进入加工环境

选择"开始"→"加工"命令进入加工环境,当首次进入加工界面时,系统就会弹出"加工环境"对话框,如图1-4所示。选择"CAM会话配置"中cam_general(通用加工配置文件)选项,再选择"要创建的CAM设置"中的一个操作模板类型,此处只要指定一种操作模板类型就可以,因为在进入加工环境后,在"操作"对话框中可以随时改选成为其他模板类型。在这里,按照默认设置,直接单击"确定"按钮,进入加工界面,如图1-5所示,加工模块的工作界面与建模模块的工作界面相似。

图1-4 选择加工环境

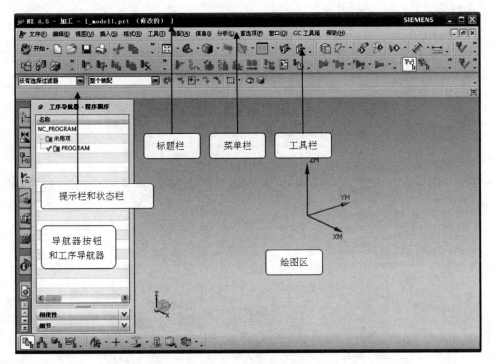

图1-5 UG加工界面

1) 标题栏

标题栏显示软件版本与使用者应用的模块名称并显示当前正在操作的文件及状态。

2) 菜单栏

菜单栏包含了 NX 软件所有的功能。它是一种下拉式菜单,当选择主菜单栏中任何一个功能时,系统会将菜单下拉。

3) 工具栏

工具栏以简单直观的图标来表示每个工具的作用。单击图标按钮可以启动相对应的 UG 软件功能,相当于下拉菜单中的各个命令。

注意:主菜单命令选项或工具栏按钮暗显时(呈灰色),表示该菜单功能或选项在当前工作环境下无法使用。

4) 绘图区

绘图区是 UG 的工作区,显示模型以及生成的刀轨等均在该区域。

5) 提示栏和状态栏

提示栏位于绘图区的上方,其主要用途在于提示使用者操作的步骤。提示栏右侧为状态栏,表示系统当前正在执行的操作。

注意:在操作时,初学者最好能够先了解提示栏的信息,再继续下个步骤,这样可以避免对操作步骤的死记硬背。

6) 导航器按钮和工序导航器

导航器按钮位于屏幕的左侧,提供常用的导航器按钮,如操作导航器、实体导航器等。当单击"导航"按钮时,导航器会显示出来。

3. 定制工具条

在加工界面,选择主菜单上的"工具"→"定制"命令或者在主菜单栏上右击,选择"定制"命令,弹出"定制"对话框,如图 1-6 所示。

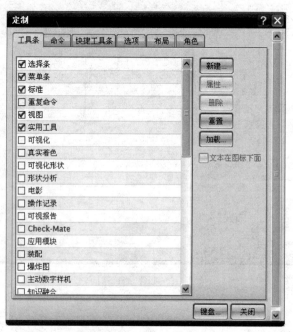

图 1-6　"定制"对话框

在"定制"对话框中,若将选择条、菜单条、标准、视图、实用工具等前面打上勾,相应的工具条在工具栏中能够看见,反之不显示。

UG的加工环境包括加工创建、加工操作、加工对象及操作导航器4个工具条。注意,由于软件翻译问题,"加工创建"对应"刀片","加工操作"对应"操作","加工对象"对应另一个"操作","操作导航器"对应"导航器",使用时注意看对应的具体操作。本书中为了便于理解,使用含义来做了介绍。所产生的每个加工操作,在操作导航器中均有显示,如图1-7所示。

图1-7 UG CAM常用工具条

(1)加工创建(刀片)工具条用于创建各类加工对象,如程序、刀具、加工几何体、加工方法、加工操作。

(2)加工操作(操作)工具条用于刀具路径的生成、回放、后处理、模拟和输出等。

(3)加工对象(操作)工具条用于对程序、刀具、几何和方法等各加工对象进行编辑、删除、复制等。

(4)操作导航器(导航器)工具条用于控制操作导航中的四种显示内容(程序、刀具、几何体、加工方法)。

读者可以将常用工具条摆放在自己喜欢的位置,如图1-8所示。

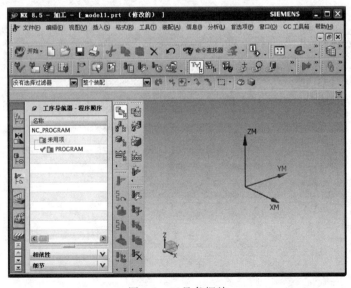

图1-8 工具条摆放

任务实施：导入可乐瓶底模型文件、进入加工环境

首先打开随书的学习素材，然后将 anli 文件夹存放到 D 盘根目录。

（1）选择"开始"→"程序"→Siemens NX 8.5→NX 8.5 命令启动软件。

（2）选择"文件"→"新建"命令弹出"新建"对话框，输入文件名 1-klpd. prt，指定文件保存的目录位置，如图 1-9 所示，单击"确定"按钮即可进入 UG 建模环境。

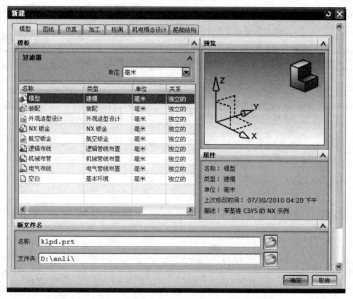

图 1-9   新建文件

（3）选择"文件"→"导入"→STEP203 命令，弹出"导入自 STEP203 选项"对话框，如图 1-10 所示，单击  按钮，选择文件 D:\anli\1-klpd. stp，单击"确定"按钮文件导入成功。

图 1-10   导入自 STEP203 选项

（4）选择"开始"→"加工"命令，弹出"加工环境"对话框，"CAM 会话配置"选择 cam_general 选项，"要创建的 CAM 设置"选择 mill_planar 选项，单击"确定"按钮，进入加工环境，如图 1-11 所示。

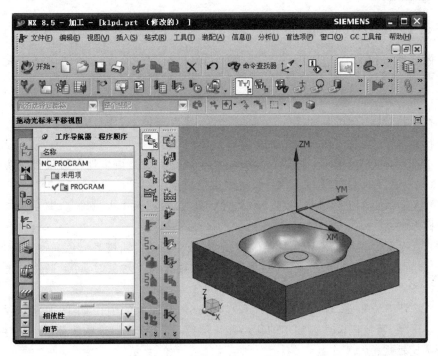

图 1-11　进入加工环境

（5）选择"文件"→"保存"命令，关闭软件。

 任务总结

通过本任务的学习，对 UG 软件编程有了基本的认识，对软件界面有一定的了解，学会了新建、打开以及导入文件的一般方法，正确选择加工模板，以及定制常用工具条等。

任务 1.1 操作参考.mp4
（6.63MB）

任务 1.2　检查与分析加工几何体

 学习目标

本任务的主要目的是使读者掌握加工几何体的检查方法和完善几何体的方法，运用 UG 的分析工具正确分析和测量几何体，从而准确把握加工几何体的真实数据。

 **任务描述**

检查加工几何体是否有缺陷，完善加工几何体以便编程加工，分析和测量加工几何体

相关数据。

1.2.1　加工几何体的检查

在做自动编程加工之前要对三维模型的质量进行一个检查,这是非常重要的。因为手中的模型可能是不同的CAD软件绘制的,经过数据转换后可能就会产生问题,还有一些是设计本身就有问题。

选择下拉菜单"分析"→"检查几何体"命令,对模型检查,如果有一项不合格,都要对模型进行处理,一般在建模环境中去完善修改模型,这里不再赘述。

加工几何体CAD模型,在设计过程中,由于造型人员是更多地考虑设计的方便性和完整性,并不顾及对CAD加工的影响,所以要把模型做一些有利于加工的修改和完善。

(1)坐标系是加工的基准,将坐标定位于适合机床操作人员确定的位置,同时保持相关坐标系的统一。

(2)隐藏部分对加工不产生影响的曲面,并按曲面的性质进行分色显示或分层放置。这样,一方面在视觉上更为直观清楚,另一方面在选择加工对象时,可以通过过滤方式快速地选择所需的对象。

(3)修补部分曲面,对于不需要加工的部位(如曲面上的小孔、小凹面等),以及加工不到的小区域,需要电极才能加工的狭小狭长部位,都应该先将这些面补好。这样获得的刀具轨迹比较规范和安全。

(4)增加安全曲面(如将边缘曲面进行适当的延长),或构建保护面等。

(5)构建曲线作为边界、构建完整的轮廓曲线、构建曲线作为其他应用的辅助线。

(6)如果图形是由曲面组成的,在加工之前最好是把它转换为实体,因为虽然UG能够直接加工曲面,但是只有3D的实体才具有自我保护、碰撞检查的功能。基本的方法是在建模中使用"缝合"命令把曲面合并成一个实体,如果不能合并,首先调整公差后再进行合并,调整公差后还不能合并的,就需查找原因看是否有需要修复或者删除有问题的某些曲面。

(7)如果零件的图形是UG分模后的图形,就有必要先去除"图形的参数化",只有这样才能对图形进行旋转、平移等操作。方法是使用建模中的"移除参数"命令。

1.2.2　加工几何体的分析

在加工之前必须要对模型进行测量。对于要进行加工的工件的三维模型,必然要对其进行分析和了解。

测量模型外形的长、宽、高等尺寸,确定在机床上的装夹方式和加工方式(是一次加工或是分次加工、是先加工正面或是侧面、是否需要转侧铣或是转卧铣等)。

"定刀"是在编程中必不可少的工作,需要了解要用多大的刀具、多长的刀具(加工深度)进行加工,是用平刀还是球刀或是圆角刀加工等。

要做到以上这些就必须去做分析工作,应用UG的各种强大的分析工具,来分析读懂三维模型。

1. 平面分析

选择菜单"信息"→"对象"命令或者选择"分析"→"NC助理"命令,都可以实现平面的分析。它可识别部件中所有平面的深度,因此有助于标识加工部件所用刀具的正确长度以及正确判别是否是平面。

2. 圆角、半径分析

它能确定加工所需的最小的刀具,选择主菜单栏中"分析"→"最小半径"命令,可在信息对话框中显示出最小圆角半径值。但此工具仅能分析圆角部位,而对于曲面则不能分析。所以常用选择"分析"→"几何属性"命令来分析曲面。

3. 分析距离和长度

使用测量距离命令可以计算两对象之间的距离,曲线长度,圆弧、圆周边或圆柱面的半径。选择"分析"→"测量距离"命令,弹出"测量距离"对话框,直接选择两个点或两个面或两条直线,或者选择点与面、点与直线、直线与面等都能直接测量出两者之间的最短距离。

(1) ✎距离:测量两个对象或点之间的在 X、Y、Z 三个方向上的最短距离。

(2) ▣投影距离:测量两个对象之间的在指定矢量方向上的投影距离,也可以说是在指定矢量方向上的最短距离。

(3) ▣屏幕距离:测量屏幕上对象的距离。使用此选项可测量屏幕上两对象之间的近似2D距离。使用放大或缩小的图形测量结果则不同。

(4) ▣长度:测量选定曲线的真实长度。

(5) ↗半径:测量指定曲线的半径。

(6) ▣组间距:测量两组对象之间的距离。只能选择一个装配中的组件作为每个组中的对象。

关于分析测量工具大家一定要熟练掌握和运用,此能力的高与低是"读图"能力的重要标志。

任务实施:检查、分析可乐瓶底模型质量与尺寸

(1) 打开可乐瓶底模型文件 D:\anli\1-klpd.prt,进入加工环境。

(2) 选择下拉菜单"分析"→"NC助理"命令,弹出"NC助理"对话框,如图1-12所示,选择分析类型为"层"、参考矢量为 ZC↑轴,单击"选择面"图标,此时选择了整个工件,指定"参考平面"为零件上表面,单击"应用"按钮或单击"分析几何体"图标▣,工件模型变为如图1-12所示,图中凡是相对于分析前变了颜色的面全部都是平面。此工件中有两个平面,一个是深蓝色(Deep Blue),另一个是浓绿色(Strong Green)。再单击图标▣就会弹出信息对话框,在此对话框中列出了所有颜色的平面信息而且还有这些平面相对于参考平面的距离值,从而确定最深平面212(Deep Blue)的深度值为−7。通过选择"分析"→

"形状"→"距离"命令,测量出曲面最低点与参考平面的距离,由此来确定所用刀具的最小伸出长度。

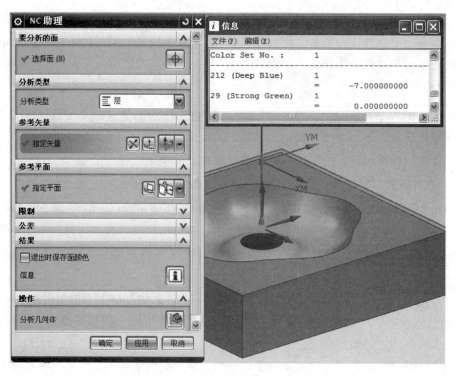

图 1-12　"NC 助理"对话框

(3)选择下拉菜单"分析"→"最小半径"命令,弹出"最小半径"对话框,框选整个工件后,单击"确定"按钮或按中键后退出对话框,显示为图 1-13 所示,在模型上显示出最小圆角部位,同时在信息对话框中显示出最小圆角半径值为 $R=6.782529493$。说明必须用小于直径 $D=12$ 的刀具来加工此零件。

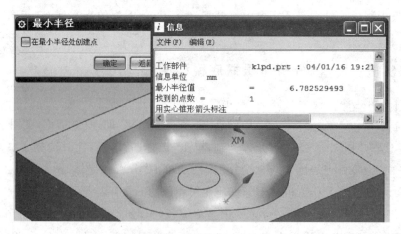

图 1-13　"最小半径"对话框

（4）选择"分析"→"测量距离"命令，弹出"测量距离"对话框，直接选择两个点、两个面、两条直线，或者选择点与面、点与直线、直线与面等都能直接测量出两者之间的最短距离，如图 1-14 所示。

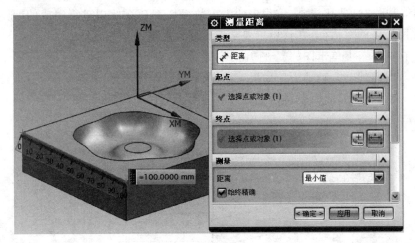

图 1-14　"测量距离"对话框

 **任务总结**

通过本任务的学习，掌握加工几何体的检查方法和完善几何体的方法，能够运用 UG 的分析工具正确分析和测量几何体，能够准确把握加工几何体的真实数据。

任务 1.2 操作参考.mp4
（8.58MB）

任务 1.3　建立加工坐标系

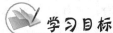 **学习目标**

本任务的主要目的是使读者掌握工序导航器的概念及使用方法，了解 UG 坐标系统的概念，从而准确地创建工件的加工坐标系和相关性的安全平面。

 **任务描述**

操作工序导航器查看各视图的区别，建立几何体工作坐标系和加工坐标系，创建工件安全平面。

 知识链接

1.3.1　工序导航器的应用

导航器是各加工模块的入口位置，是让用户管理当前零件的操作及加工参数的一个树形界面。在 UG NX CAM 中，导航器是一个非常重要的功能。使用导航器可以完成加工多半的工作。导航器是 UG 软件快捷应用的最具代表性的工具，在 UG 中有工序导航器、部件导航器、约束导航器和装配导航器等，其中工序导航器是在 UG 编程中应用最多的对话框，其重要性非比寻常，编程中的大多数操作都是在此中进行完成的，是 UG 编程加工中使用最多的对话框，在这里主要学习工序导航器的使用方法。

首先在资源条上单击图标 打开工序导航器，单击图钉图标可以使其固定不动，再次单击图钉图标就会自动消失。如果双击图标 就会弹出来与资源条相分离，成为可以自由拖放的游动状态，此时就可以把其放到屏幕上的任何位置，如图 1-15 所示。

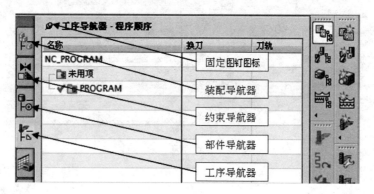

图 1-15　工序导航器

在工序导航器中可以主要显示 4 个方面的内容，分别是程序顺序视图、机床视图、几何视图和加工方法视图。依次单击导航器工具条命令程序顺序视图机床视图几何视图和加工方法视图，并查看在操作导航器中对应的视图显示情况。

1. 程序顺序视图

该视图模式管理操作决定操作输出的顺序，即按照刀具路径的执行顺序列出当前零件中的所有操作，显示每个操作所属的程序组和每个操作在机床上执行的顺序。每个操作的排列顺序决定了后处理的顺序和生成刀具位置源文件(CLSF)的顺序。

在该视图模式下包含多个参数栏目，如图 1-16 所示，例如名称、路径、刀具等，用于显示每个操作的名称以及操作的相关信息。其中在"换刀"列表中显示该操作相对于前一个操作是否更换刀具，而"路径"列中显示该操作对应的刀具路径是否生成，此外在其他列中显示其他类型名称。

名称	换刀	路径	刀具	刀...	时间	几何体	方法
NC_PROGRAM					04:49:11		
不使用的项							
PROGRAM							
PROGRAM_1					00:49:40		
CAVITY_MILL		✔	T1-D30R5		00:49:40	WORKPIECE	MILL_ROUGH
PROGRAM_2					00:28:00		
CAVITY_MILL_COPY		✔	T2-D10		00:28:00	WORKPIECE	MILL_ROUGH
PROGRAM_3					00:34:09		
ZLEVEL_PROFILE		✔	T3-D6		00:34:09	WORKPIECE	MILL_SEMI_F

图 1-16　程序顺序视图

2. 机床视图

机床视图按照切削刀具来组织各个操作,其中列出了当前零件中存在的所有刀具,以及使用这些刀具的操作名称,如图1-17所示。其中"描述"列中显示当前刀具和操作的相关信息,并且每个刀具的所有操作显示在刀具的子节点下面。

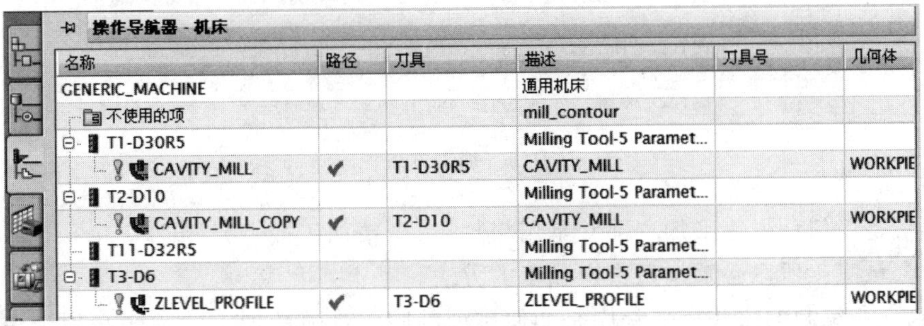

名称	路径	刀具	描述	刀具号	几何体
GENERIC_MACHINE			通用机床		
不使用的项			mill_contour		
T1-D30R5			Milling Tool-5 Paramet...		
CAVITY_MILL	✔	T1-D30R5	CAVITY_MILL		WORKPIE
T2-D10			Milling Tool-5 Paramet...		
CAVITY_MILL_COPY	✔	T2-D10	CAVITY_MILL		WORKPIE
T11-D32R5			Milling Tool-5 Paramet...		
T3-D6			Milling Tool-5 Paramet...		
ZLEVEL_PROFILE	✔	T3-D6	ZLEVEL_PROFILE		WORKPIE

图1-17 机床视图

3. 几何视图

在加工几何视图中显示了当前零件中存在的几何组的坐标系,以及这些几何组和坐标系的操作名称。并且这些操作位于几何组和坐标系的子节点下面。此外,相应的操作将继承该父节点几何组和坐标系的所有参数,如图1-18所示。操作必须位于设定的加工坐标系子节点下方,否则后处理的程序将会出错。

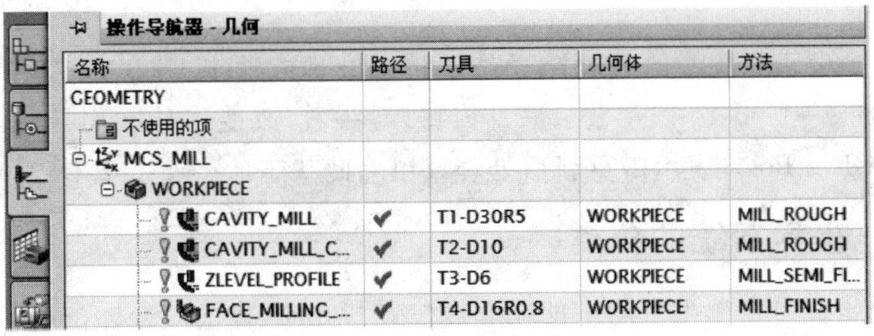

名称	路径	刀具	几何体	方法
GEOMETRY				
不使用的项				
MCS_MILL				
WORKPIECE				
CAVITY_MILL	✔	T1-D30R5	WORKPIECE	MILL_ROUGH
CAVITY_MILL_C...	✔	T2-D10	WORKPIECE	MILL_ROUGH
ZLEVEL_PROFILE	✔	T3-D6	WORKPIECE	MILL_SEMI_FI...
FACE_MILLING_...	✔	T4-D16R0.8	WORKPIECE	MILL_FINISH

图1-18 几何视图

4. 加工方法视图

在加工方法视图中显示了当前零件中存在的加工方法,例如粗加工、半精加工、孔等,以及使用这些方法的操作名称等信息,如图1-19所示。

UG通过创建操作编制刀位轨迹,创建操作就是要收集加工信息,主要收集操作导航器中的4个基本信息:程序、刀具、几何体、加工方法。那么操作为什么需要这些信息呢?因为不论是UG还是其他的编程软件要加工一个工件,就必须做到以下内容。

首先必须指定一个要加工的工件,或者工件的部分区域,要不然系统怎么会知道要加工什么呢?

其次加工工件是用刀具来加工的,所以必须指定用什么样的刀具来加工。

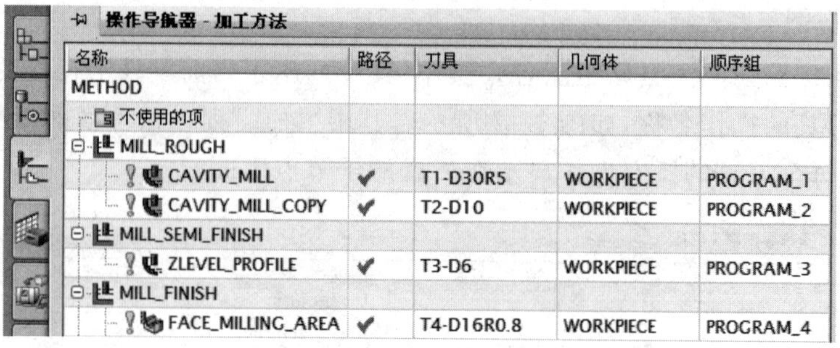

图 1-19　加工方法视图

　　再次是用何种方法来加工呢？是用粗加工、半精加工或者是精加工呢？是留余量还是不留余量呢？所以必须加以指定加工的方法。

　　最后，所编制的这些操作程序是如何排列的呢？难道精加工的顺序必须排在粗加工的前面吗？所以，程序就决定了输出的顺序。

　　操作导航器有三种状态符号，分别说明如下。

　　✔(Complete)表示此操作已产生了刀具路径并且已经后处理(UG/Post PostProcess)或输出了 CLS 文档格式(Output CLSF)，此后再没有被编辑。

　　⊘(Regenerate)表示此操作从未产生刀具路径或此操作虽有刀具路径但被编辑后没有做相应更新。在 ONT 中，使用 MB3，Objects→Update List 显示信息窗口，看一看，改变了什么而导致此状态。信息窗口提示 Need to Generate，表示需重新产生刀具路径以更新此状态。

　　(Repost)表示此操作的刀具路径从未被后处理或输出 CLS 文档。在 ONT 中，使用 MB3，Objects→Update List 显示信息窗口，看一看，改变了什么而导致此状态。信息窗口提示 Need to Post，表示需重新后处理以更新此状态。

1.3.2　坐标系统的分类

　　(1)绝对坐标系是模型空间中的概念性位置和方向，将绝对坐标系视为 $X=0$，$Y=0$，$Z=0$，它是不可见且不能移动的，它定义模型空间中的一个固定点和方向。

　　绝对坐标系轴的方向与视图三重轴相同，但原点不同，如图 1-20 所示，视图三重轴是一个视觉指示符，表示模型绝对坐标系的方位。视图三重轴显示在图形窗口的左下角。可以以视图三重轴上的某一个特定轴为中心旋转模型零件。

　　(2)工作坐标系标示为 WCS。工作坐标系是在建模、加工中都应用较多的坐标系，所以工作坐标系非常重要，它在模型空间中是可见的，其中 XC、YC、ZC 是工作坐标系，如图 1-20 所示。

　　(3)加工坐标系标示为 MCS。加工坐标系仅应用在编程加工中，其中 XM、YM、ZM 是加工坐标系，如图 1-20 所示。

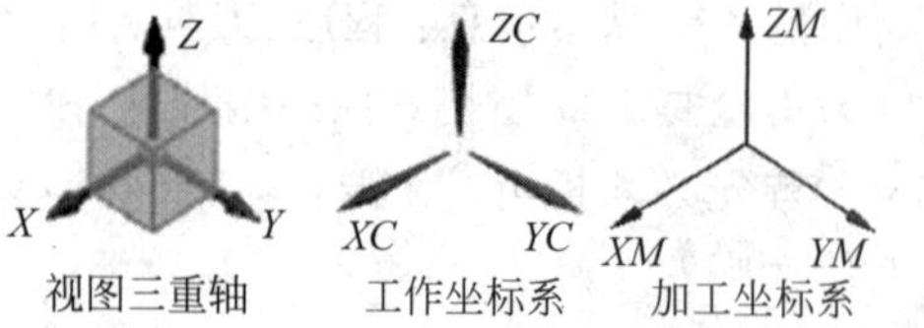

　　在加工环境中，要对一个工件进行加工程序的编制，首要的便是定义加工的基准，而这

视图三重轴　　工作坐标系　　加工坐标系

图 1-20　坐标系

个基准就是加工坐标系。即加工坐标系是零件加工的所有刀位轨迹点的定位基准。在刀位轨迹中,所有的坐标点的坐标值都与加工坐标系直接关联。

(4) 参考坐标系标示为 RCS。它是通过抽取和映射已存的参数,从而省略参数的重新定义过程。例如:当加工区域从零件的一部分转移到另一个加工区域时,参考坐标系此时就用于定位非模型几何参数(如:起到点、返回点、刀轴的矢量方向和安全平面等),这样通过使用参考坐标系从而减少参数的重新指定工作。

(5) 已存坐标系是在模型空间中指示位置的一个标识,功能有限。

1.3.3　加工坐标系的建立

建立数控加工坐标系是为了确定刀具或工件在机床中的位置,确定机床运动部件的位置及其运动范围。统一规定数控加工坐标系各轴的含义及其正负方向,可以简化程序编制,并使所编写的程序具有互换性。并具可设置安全距离,该距离是刀具从一个刀位点快速运动到下一个切削点的高度,可定义一个小三角作为当前零件的安全平面。

理论上说在 UG 编程环境中,零件上的任意一点都可以定义加工坐标系,但在实际中为了加工的方便与精确,一般需要遵循以下原则。

(1) 最好建立在易于操机者装夹找正和检验的位置。

(2) 尽量选在精度较高的零件基准面上,这样利于保证精度、简化数值程序处理。

(3) 一般情况下是设在工件的中心,上表面为 Z 轴方向上的零点即 $Z=0$。

(4) 创建加工坐标系步骤如下。

① 打开"操作导航器"对话框并固定后,切换到几何体视图中,双击 MCS_MILL 图标弹出"MCS 铣削"对话框,或者右击 MCS_MILL 图标后选择"编辑"命令弹出"MCS 铣削"对话框,如图 1-21 所示。

② 定义一个新的加工坐标系,单击"机床坐标系"下的 按钮,有十四种坐标系的构造方法。

③ 改变加工坐标系的原点方位,单击"机床坐标系"下的 按钮,弹出 CSYS 对话框,如图 1-22 所示。单击"指定方位"图标 ,弹出"点"对话框,来指定一个点位置为坐标系的原点。

图 1-21　"MCS 铣削"对话框

图 1-22　CSYS 对话框

④ 旋转加工坐标系的轴向方位,当 CSYS 对话框中的"类型"为"动态"状态下,可以手动旋转坐标系。

从以上建立步骤来看,要建立一个加工坐标系大致需要以下几个步骤:先定义一个新的加工坐标系(系统自动给定一个动态坐标系,一般就利用这个)→改变加工坐标系的原点方位(用点构造器)→如果需要改变轴向方向,就利用旋转加工坐标系的轴向方位来达到需要的方向。

任务实施:创建加工坐标系与相关性的安全平面

(1) 首先定义工作坐标系而不定义加工坐标系,然后使加工坐标系与工作坐标系重合。因为有些参数的定义(安全平面,预钻点,I、J、K 矢量等)都是基于工作坐标系的,而非加工的坐标系,所以使它们重合并统一起来。

① 打开可乐瓶底模型文件 D:\anli\1-klpd. prt,进入加工环境。首先打开工序导航器,图钉使之固定,选择下拉菜单"格式"→WCS→"原点"命令,弹出"点"对话框,选择"类型"为"点在面上",选择"面"为"选择面(1)"(上表面),指定 U 向参数和 V 向参数分别为0.5,单击"确定"按钮就定义了一个以零件上表面中心位置为原点的工作坐标系,如图 1-23 所示。

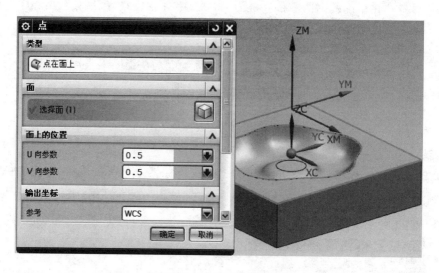

图 1-23　定义工作坐标系

② 单击图标 切换到几何视图,双击 MCS_MILL 弹出"MCS 铣削"对话框,单击CSYS 图标,切换到动态的 CSYS,在参考选项里切换为 WCS,如图 1-24 所示,单击"确定"按钮即可使加工坐标系与工作坐标系重合。

使工作坐标系与加工坐标系重合了,就不必考虑不一致的问题了,就可避免出错。这个方法大家一定要练熟,这是个最简单、最实用、最高效的方法。

(2) 定义相关的安全平面。

在"MCS 铣削"机床坐标系对话框中单击"安全设置"选项展开定义区,在"安全设置"

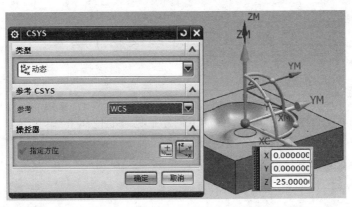

图 1-24　参考 WCS

选项中单击黑色箭头展开列表选择"平面"选项立即出现"指定平面"项，单击 图标弹出
"平面"对话框，选择"自动判断"选项，用鼠标选择零件上表面并在距离中输入 30，按
Enter 键后，安全平面显示出来。单击"确定"按钮两次退出对话框。这样就定义了一个
与零件相关的安全平面，如图 1-25 所示。

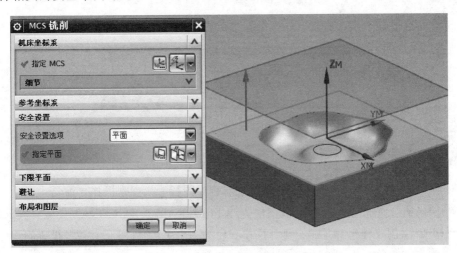

图 1-25　定义安全平面

　　这就是相关的安全平面，它与零件的上表面相关，当零件高度发生改变时，安全平面
也随之改变。

　　（3）单击"文件"→"保存"按钮，关闭软件。

任务总结

　　通过本任务的学习，掌握操作导航器的使用方法，理解
坐标系的含义，能够正确的创建加工坐标系和相关性安
全平面。

任务 1.3 操作参考.mp4
（3.36MB）

任务 1.4　创建四类基本信息

学习目标

本任务的主要目的是使学生掌握加工创建工具条的使用方法，主要包括程序创建、刀具创建、加工方法创建和几何体的创建。

任务描述

应用加工创建工具条创建程序、创建刀具、创建加工方法和创建几何体的基本方法，编制简单的自动加工程序。

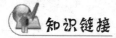

知识链接

1.4.1　创建程序、创建加工方法

加工创建工具条如图 1-26 所示，依次单击相应的工具就可创建相应的操作。

图 1-26　刀片工具条

（1）单击创建程序工具图标 ，弹出"创建程序"对话框，如图 1-27 所示，按图设置创建了一个 PROGRAM_1 的程序节点，单击查看程序图标 ，观察操作导航器中已生成了一个 PROGRAM_1 的节点。同理可以依次创建 PROGRAM_2、PROGRAM_3、PROGRAM_4 等的程序节点，创建程序只是组织排列操作顺序的一个手段，并不是必须要设置的。

图 1-27　"创建程序"对话框

（2）单击创建加工方法工具图标 ，弹出"创建加工方法"对话框，如图1-28所示，按图设置创建了一个MILL_1的程序节点，单击加工方法图标 观察操作导航器中已生成了一个MILL_1的加工方法节点。同理可以依次创建MILL_2、MILL_3、MILL_4等的程序节点，加工方法可以不在这里进行设置，在具体的操作中设置的参数有效性要优于在加工方法中设置的，即以在具体的操作中设置的参数为准。一般情况而言每创建一个操作都要设置相应的加工余量，尤其是在零件的侧面余量、底面余量方面，都要在具体的操作中详细设置，不可只单纯地设置一个零件余量，这也是实际经验与理论的区别所在。

图1-28 "创建加工方法"对话框

1.4.2 创建刀具、创建几何体

1. 刀具的创建

1）刀具相关知识

（1）刀具参考点

数控铣床上的刀具在NC程序的控制下，沿着NC程序的刀位轨迹移动，从而实现对零件的切削，那么刀具上的哪一点是沿着刀位轨迹移动呢？这就是刀具参考点。

在UG中，不管什么样式的刀具，UG规定其刀具参考点都在刀具底部的中心位置处。即使用UG CAM生成的刀位轨迹就是刀具上这一点的运动轨迹。

（2）刀具轴

刀具轴是指一个矢量方向，从刀具参考点指向刀柄的方向，在UG中的固定轴铣加工中，刀具轴的方向一般就是默认的加工坐标系的Z方向。但刀具轴的方向并不是必须是加工坐标系的Z方向，这一点务必要清楚。它仅在固定轴中是这样，但在变轴铣中并不是这样。

（3）刀具参数

定义刀具就是定义刀具的参数，在UG中可以使用的刀具特别多，有5参数、7参数、10参数刀具，而在实际中一般只用到5参数的刀具。

2）创建刀具的方法

（1）单击加工创建工具条中的"创建刀具图标" →弹出"创建刀具"对话框，如图1-29所示，按图中所示设置，然后单击"确定"按钮或按鼠标中键，进入"铣刀-5参数"对话框，按图1-30中设置。

图1-29　"创建刀具"对话框

图1-30　"铣刀-5参数"对话框

这样就定义了一把D10的平刀，一般情况下只需定义刀具直径、底角半径即可。当然如果要考虑刀柄的过切检查，就要定义刀柄。如果是加工中心机床，还要定义刀具号。单击"确定"按钮或按鼠标中键直至对话框消失。单击图标 切换到机床视图，观察操作导航器中已生成了一个D10的刀具节点，如图1-31所示。

（2）打开操作导航器（不论任何视图），在任意一个节点上右击，在显示出的对话框中选择"插入"→"刀具"命令，弹出"创建刀具"对话框，如图1-32所示，以后的操作步骤同上。

（3）随便创建一个具体的操作（如平面铣或型腔铣），在对话框中的"刀具"选项处单击创建刀具图标 一样可以创建刀具，如图1-33所示。

（4）在刀库中调用，在"创建刀具"对话框中，单击"从库中调用刀具"图标 ，弹出"库类选择"对话框，如图1-34所示，选择所要的刀具即可。

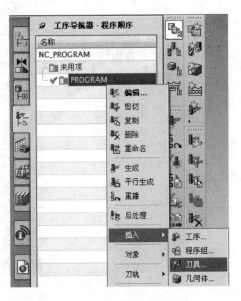

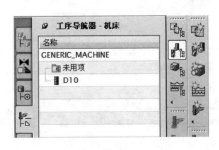

图 1-31　机床视图

图 1-32　插入刀具

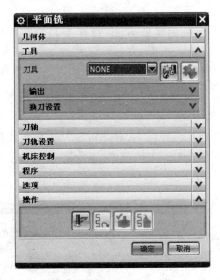

图 1-33　新建刀具

图 1-34　刀库调用刀具

2. 几何体的创建

　　由于加工几何体的创建和定义,完全不同于创建程序、刀具、加工方法。它们这些可以毫不费力地快速加以指定,而加工几何体的定义较为复杂,它包括加工坐标系、安全平面、零件几何体、毛坯几何体、边界几何体、底平面、检查几何体、修剪几何体等。而且它是根据不同的操作类型(平面铣、型腔铣、固定轴曲面铣等)定义不同的几何体。

　　单击创建加工几何图标 ▨ ,弹出"创建几何体"对话框,按图设置,如图 1-35 所示,单击"确定"按钮或按鼠标中键直至对话框消失。单击查看加工几何图标 ▨ 观察操作导航器中已生成了一个 WORKPIECE_1 的几何节点,同理可以依次创建 WORKPIECE_2、

WORKPIECE_3、WORKPIECE_4 等的几何体节点。

图 1-35　创建几何体

还有一种更简便、更高效的方法去创建几何体,那就是在 Workpice 中定义加工几何体,这是一种最简便、最不容易出错、思路清晰、不混乱的实践方法,将在下面的案例中给大家介绍。

任务实施:可乐瓶底模型自动编程的一般过程

(1) 打开可乐瓶底模型文件 D:\anli\1-klpd. prt,并进入加工环境。

(2) 打开操作导航器,图钉使之固定,并切换到几何视图,单击 MCS_MILL 前面的＋号展开出现 WORKPIECE,在上个任务中已经将 WCS 定位到模型中心最高点,且使 MCS 与之重合,并指定安全平面 $Z=30$。

(3) 双击 WORKPIECE 或在 WORKPIECE
上右击,选择"编辑"命令,弹出"工件"对话框,如
图 1-36 所示。在几何体组中分别定义部件和毛
坯,单击"指定部件"后面的图标 ,弹出"部件几
何体"对话框,直接单击屏幕中的图形零件可乐瓶
底,如图 1-37 所示,单击"确定"按钮完成后回到
"工件"对话框。再单击"指定毛坯"后面的图标
,弹出"毛坯几何体"对话框,类型下选择"包容
块"选项后系统自动在零件上添加方块毛坯体,如
图 1-38 所示,单击"确定"按钮两次完成几何体的
定义。分别单击图标 和图标 的手电
筒,可分别查看刚刚定义的部件几何体和毛坯几
何体。

图 1-36　"工件"对话框

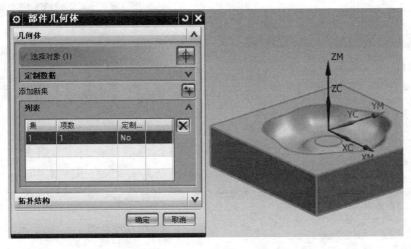

图 1-37　选择部件几何体

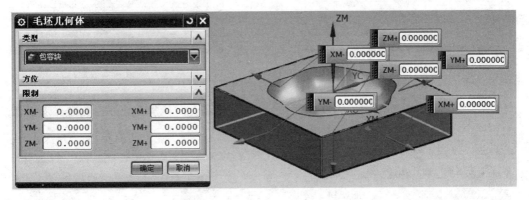

图 1-38　选择毛坯几何体

（4）单击创建刀具图标 弹出"创建刀具"对话框，如图 1-39 所示，按图创建一把直径为 10 的圆角刀，输入刀具名称 D10R2，单击"确定"按钮，弹出"铣刀-5 参数"对话框，按图参数设置，如图 1-40 所示。切换到刀具视图可以看到创建的刀具。

（5）单击创建工序图标 弹出"创建工序"对话框，如图 1-41 所示，按图设置，选择"类型"为 mill_contour，单击工序子类型中的第一个图标 型腔铣，将"程序"为 PROGRAM、"刀具"为 D10R2、"几何体"为 WORKPIECE、"方法"为 MILL_ROUGH，单击"确定"按钮进入"型腔铣"对话框，如图 1-42 所示，首先看到几何体项中指定部件、指定毛坯几何体的 亮着，说明继承了 WORKPIECE 几何体信息。单击"刀轨设置"命令展开其定义区，"切削模式"修改为"跟随周边"，"最大距离"修改为 1mm。单击"非切削移动"后面的图标 弹出"非切削移动"对话框，如图 1-43 所示，选择"转移/快速"选项卡，在"区域之间"的"转移类型"下选择"毛坯平面"命令，"安全距离"设置为 3mm。单击"进给率和速度"后面的图标 弹出"进给率和速度"对话框，如图 1-44 所示，定义"主轴速度"为 2 000，进给率切削 1 200，单击"确定"按钮退出操作对话框，然后单击生成刀轨图标 ，

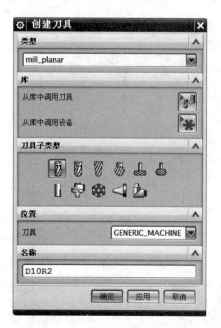

图 1-39　"创建刀具"对话框

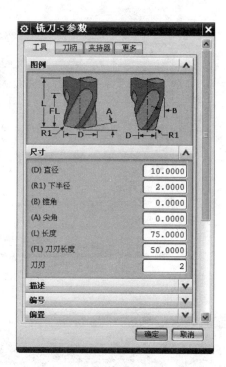

图 1-40　"铣刀-5 参数"对话框

图 1-41　"创建工序"对话框

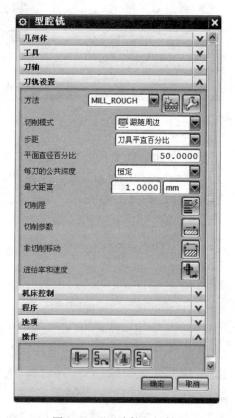

图 1-42　"型腔铣"对话框

图 1-43 "非切削移动"对话框

图 1-44 "进给率和速度"对话框

这样就生成了一个粗加工的刀轨程序,如图 1-45 所示。单击"确定"按钮退出操作对话框,在操作导航器中的 WORKPIECE 下、在 D10R2 下、在 PROGRAM 下、在 MILL_ROUGH 下都产生了一个名为 CAVITY_MILL 的操作。

(6) 在 WORKPIECE 处右击,弹出菜单选择"刀轨"→"确认"命令或者直接单击图标 弹出"刀轨可视化"对话框,选择选择"2D 动态"命令后单击播放箭头 ▶ 即可开始模拟,其结果如图 1-46 所示。

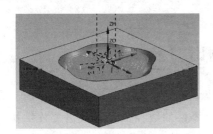

图 1-45 型腔铣粗加工刀轨

图 1-46 模拟仿真加工

(7) 选择操作程序,单击图标 ,或者右击操作程序,弹出对话框选择"后处理"命令后,弹出"后处理"对话框,如图 1-47 所示,选择后处理器 MILL_3_AXIS,指定 NC 程序保存目录,单击"应用"按钮即可。

以上就是 UG 编程的基本过程:①定义坐标系(加工坐标系与工作坐标系重合、安全平面);②在 WORKPIECE 中定义零件几何体与毛坯几何体;③使用 WORKPIECE 的几何体信息为几何体父级组创建一系列的操作;④创建操作,定义必需的参数、生成刀轨;⑤刀轨的过切检查与仿真模拟;⑥后处理成机床能够识别的 NC 程序代码。

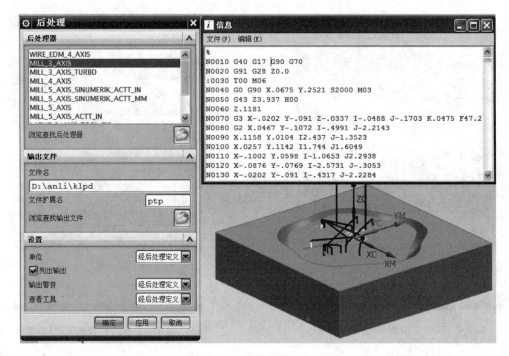

图 1-47　后处理生成 G 代码

 **任务总结**

　　通过本任务的学习,学生能够掌握创建程序、创建刀具、创建加工方法和创建几何体的基本方法,能够初步掌握 UG 自动编程的一般过程。

任务 1.4 操作参考.mp4
（24.0MB）

拓展知识：后处理输出 G 代码

　　CAM 过程的最终目的是生成一个数控机床可以识别的代码程序。数控机床的所有运动和操作是执行特定的数控指令的结果,完成一个零件的数控加工一般需要连续执行一连串的数控指令,即数控程序。UG NX 生成刀轨产生的是刀位文件 CLSF 文件,需要将其转化成 NC 文件,成为数控机床可以识别的 G 代码文件。NX 软件通过 UG/POST,将产生的刀具路径转换成指定的机床控制系统所能接收的加工指令。

　　在操作导航器的程序视图中,选择已生成刀具路径的操作,在工具条上单击 ![] "后处理"命令,系统打开"后处理"对话框,如图 1-48 所示,各选项说明如下。

　　（1）后处理器：从中选择一个后置处理的机床配置文件。因为不同厂商生产的数控机床其控制参数不同,必须选择合适的机床配置文件。

　　（2）输出文件名：指定后置处理输出程序的文件名称和路径。

　　（3）输出单位：该选项设置输出单位,可选择公制或英制单位。

（4）列出输出：激活该选项，在完成后处理后，将在屏幕显示生成的程序文件。

完成各项设定后，单击"确定"按钮，系统进行后处理运算，生成G代码程序文件。如图1-49所示为某程序的示例。

图1-48　"后处理"对话框

图1-49　程序文件

实战训练：三角星编程加工

打开三角星模型文件D:\anli\1-sjx.prt，如图1-50所示，描述操作编程的基本过程，包括创建程序、创建刀具、创建加工方法和创建几何体，练习定义坐标系、安全平面、零件几何体与毛坯几何体，创建操作、生成刀轨、仿真模拟和生成G代码等。

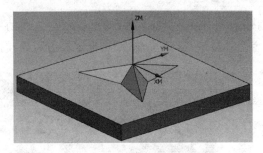

图1-50　三角星编程加工练习

模块 2

平面铣——垫块自动编程加工

本模块主要讲述平面铣操作的编程加工基本过程,其构建思路为首先介绍平面铣的加工原理和平面铣的五种几何体,然后讲解编程通用参数的设置,包括切削模式、切削步进、切削层、切削参数、非切削参数和进给率速度等内容,最后体验平面铣二次开粗加工方式。通过本模块的学习,使学生能够准确掌握平面铣操作编程的一般过程,为后续快速进入UG 的学习奠定基础。

任务 2.1　创建平面铣操作

 学习目标

本任务的主要目的是使学生掌握平面铣的加工原理,创建平面铣操作的五种几何体,最后能够正确创建平面铣操作。

 任务描述

创建垫块平面铣操作,如图 2-1 所示为垫块的三维模型,指定部件边界、指定毛坯边界、指定检查边界、指定修剪边界和指定底面。

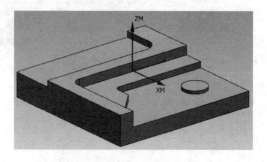

图 2-1　垫块三维模型

知识链接

2.1.1　平面铣加工原理

平面铣是一种 2.5 轴的加工方式,它在加工过程中产生在水平方向的 XY 两轴联动,而 Z 轴方向只在完成一层加工后进入下一层时才做单独的动作。

(1) 创建操作时,选择"类型"为 mill_planar,可以选择多种操作子类型,如图 2-2 所示。不同的子类型的切削方法、加工区域判断将有所差别。

图 2-2　平面铣的子类型

各种子类型的说明如表 2-1 所示。

表 2-1　平面铣各子类型说明

图标	英　文	中文含义	说　明
	FACE-MILLING-AREA	底面和壁	选择底面和壁几何体,要移除的材料由切削区域底面和毛坯厚度确定
	FACE-MILLING	带 IPW 的底面和壁	选择底面和壁几何体,要移除的材料由所选几何体和 IPW 确定
	ROUGH-FOLLOW	跟随轮廓粗加工	垂直于平面边界定义区域内的固定刀轴进行切削
	FACE-MILLING-MANUAL	手工面铣削	切削方法默认设置为手动的面铣削
	PLANAR-MILL	平面铣	移除垂直于固定刀轴的平面切削层中的材料
	PLANAR-PROFILE	平面轮廓铣	默认切削方法为轮廓铣削的平面铣
	CLEARNUP-CORNERS	清理拐角	使用来自于前一操作的二维 IPW,以跟随部件切削类型时行平面铣
	FINISH-WALLS	精铣侧壁	默认切削方法为轮廓铣削,默认深度为只有底面的平面铣

续表

图标	英　文	中文含义	说　明
	FINISH-FLOOR	精铣底面	默认切削方法为跟随零件铣削,默认深度为只有底面的平面铣
	HOLE-MILLING	铣削孔	使用螺旋切削模式来加工盲孔和通孔或凸台
	THEARD-MILLING	螺纹铣	建立加工螺纹的操作
	PLANAR-TEXT	文本铣削	对文字曲线进行雕刻加工
	MILL-CONTROL	机床控制	建立机床控制操作,添加相关后置处理命令
	MILL-USER	自定义方式	自定义参数建立操作

（2）平面铣只能加工出直壁平底的工件,平面铣的加工对象是边界,是以曲线/边界来限制切削区域的。刀具轨迹从第一层到最后一层,每一层的刀路除了深度不同外,形状与上一个或下一个刀路都是严格相同的。通过设置不同的切削方法,平面铣可以完成挖槽或者是轮廓外形的加工。平面铣用于直壁的,并且岛屿顶面和槽腔底面为平面的零件的加工。对于直壁的、水平底面为平面的零件,常选用平面铣操作做粗加工和精加工,如加工产品的基准面、内腔的底面、敞开的外形轮廓等。使用平面铣操作进行数控加工程序的编制,可以取代手工编程。

（3）平面铣不是由三维实体来定义加工几何,而是使用通过边或者曲线创建的边界线来确定加工的区域。这是平面铣区别于 UG 其他加工操作类型的,是平面铣的一个显著、鲜明特点。所以平面铣能够加工其他加工操作类型难以加工的线形加工。

（4）零件几何体、毛坯几何体、修剪几何体、检查几何体都必须由边界来定义而非实体模型来定义,或者换句话说与三维实体没有关系,它的刀轨不依赖于实体模型。平面铣刀路只与所定义的边界有关,而不管过切不过切零件。图 2-3 所示为"平面铣"对话框,零件几何体对应着指定零件边界,毛坯几何体对应着指定毛坯边界,修剪几何体对应着指定修剪边界,检查几何体对应着指定检查边界。单击相对应的图标,都弹出一样的"边界几何体"对话框,即要定义边界而非实体的几何体,如图 2-4 所示。

图 2-3　"平面铣"对话框

图 2-4　"边界几何体"对话框

在平面铣中 WORKPIECE 定义与否不影响刀轨的生成与否,它在这里主要起一个 2D 动态模拟作用以及刀路生成后的刀路过切检查,假如不定义 WORKPIECE 就不能进行动态模拟,就不能进行刀路过切检查。所以说 WORKPIECE 在平面铣 2D 加工生成刀路中没有实际的意义,WORKPIECE 它在 3D 加工中才有真正的意义。

2.1.2 平面铣的五种几何体

在"平面铣"对话框中的五种几何体,除底平面外单击任何一个图标都弹出一样的对话框,即"边界几何体"对话框,这说明这五种几何体的定义都是要用边界来定义。

即在对话框中"模式"有面、曲线/边、点、边界四种方式选择。其中面、线模式功能强大,是常用的模式。点模式简单快捷,而边界模式不推荐使用。

材料侧是真正理解边界的关键概念。所谓材料侧是所定义的边界的某一侧的材料是将要被去除的或是被保留的。根据其所扮演的几何体类型不同而有所不同。具体地讲,作为部件边界使用时其材料侧是为保留部分;作为检查边界使用时其材料侧是为保留部分;作为毛坯边界使用时其材料侧是为切除部分;作为修剪边界使用时其材料侧为剪掉部分。

边界平面即生成的边界所在的平面,因为边界都是一种平面线,必须在一个平面内,而这个平面决定其高低位置。这个很重要,它的高低位置决定着刀具开始加工的位置。其生成方式有自动和用户定义,一般情况下都是自动,当需要的时候用用户定义方式来调整。

1. 平面铣的五种几何体

(1)指定部件边界指的是加工完成后零件的最后保留形状,即通常来讲在计算机屏幕中的三维模型。这个几何体是要必须进行定义的,不然的话系统怎么会知道要加工什么,要加工什么形状呢。

(2)指定毛坯边界指的是将要被加工的要去除的材料。即把这些材料去除后而得到最终的零件形状。所有操作的目的都是来去除这些多余的毛坯材料的。但毛坯边界几何体不是必须要定义的。

(3)指定检查边界指的是刀具不能碰撞的、需要避开的切削的区域。一般常指压板或工装夹具位置。要加工整个工件,且不是使用压板或夹具来固定工件,而是使用底板把工件固定在铣床床面上,那么就没有要干涉的地方,所以就不必设置避开的区域。由此,检查边界几何体不是要必须定义的,它也是根据是否需要来进行定义的。

(4)指定修剪边界指的是指定刀轨被修剪的范围。一般常用于要加工某一区域或是某一区域不希望被加工的情况。如果不需要修剪刀路,而是需要加工整个工件,那么很自然地就不需要来定义它,由此,修剪边界几何体不是要必须定义的,它是根据是否需要来进行定义的。

(5)指定底面指的是加工的最低限度平面。这是在平面铣中唯一一个不是用边界来定义的加工几何。刀轨从边界平面处开始加工,按照边界的形状一层一层加工到指定的底平面位置,如果边界平面与底平面处于同一高度即同一平面时,就只能产生一个切削层的单层刀轨;如果边界平面高于底平面,加之每刀切削深度的定义,就会产生多层的刀轨,从而实现分层切削。如果不定义底平面,系统就不知道加工到什么位置结束,所以就会出现"未指定底平面"报警信息,就不会生成刀轨,所以必须定义底平面。

2. 创建平面铣的操作步骤

(1) 必须指定要加工此工件操作所需要的刀具;

(2) 先指定必需的底平面;

(3) 指定明确的加工范围;

(4) 根据是否需要定义相应的检查几何体或修剪几何体;

(5) 根据工件的实际情况调整细节参数。

任务实施:创建垫块加工的平面铣操作

由前面的知识知道,任何一个操作都是来收集四类加工信息的,有程序信息、刀具信息、加工方法信息和几何体信息。而其中只有刀具、几何体是加工必需的参数,那下面就具体来看一下在平面铣中如何收集这些信息的。

(1) 选择"开始"→"程序"→Siemens NX 8.5→NX 8.5 命令启动软件。

(2) 选择"文件"→"新建"命令弹出"新建"对话框,输入文件名 2-dk. prt,指定文件保存的目录位置,单击"确定"按钮即可进入 UG 建模环境。

(3) 选择"文件"→"导入"→STEP203 命令,弹出"导入自 STEP203 选项"对话框,单击 按钮,选择文件 D:\anli\2-dk. stp,单击"确定"按钮,文件导入成功。

(4) 选择"开始"→"加工"命令,弹出"加工环境"对话框,"要创建的 CAM 设置"按照默认选择 mill_planar 模板后,单击"确定"按钮,进入加工环境。

(5) 选择下拉菜单"分析"→"检查几何体"命令,弹出"检查几何体"对话框,在"要执行的检查/要高亮显示的结果"选项中选择"全部设置"命令,选择"选择对象"命令,框选整个零件,选择"操作"选项中的"检查几何体"命令对模型进行检查,检查结果全部通过,如果有一项不合格,都要对模型进行处理,一般在建模环境中去完善修改模型。

(6) 选择下拉菜单"分析"→"NC 助理"命令,弹出"NC 助理"对话框,选择"分析类型"为"层","参考矢量"为"ZC↑轴",单击"选择面"图标,此时选择了整个工件,指定"参考平面"为零件上表面,单击"应用"按钮或单击"分析几何体"图标 ,工件模型变为如图 2-5 所示,图中所有相对于分析前变了颜色的面全部都是平面。此工件中有 5 个平面,再单击 就会弹出"信息"对话框,在此对话框中列出了所有颜色的平面信息而且还有这些平面相对于参考平面的距离值,从而确定最深平面 212(Deep Blue)的深度值为-15,由此来确定所用刀具的最小伸出长度。

(7) 选择下拉菜单"分析"→"最小半径"命令,弹出"最小半径"对话框,框选整个工件后,单击"确定"按钮或按鼠标中键后退出对话框,如图 2-6 所示,在模型上显示出最小圆角部位,同时在"信息"对话框中显示出最小圆角半径值为 $R=5.5$。

注意:必须用小于等于直径 $\phi 10$ 的刀具才能完全加工干净此工件。

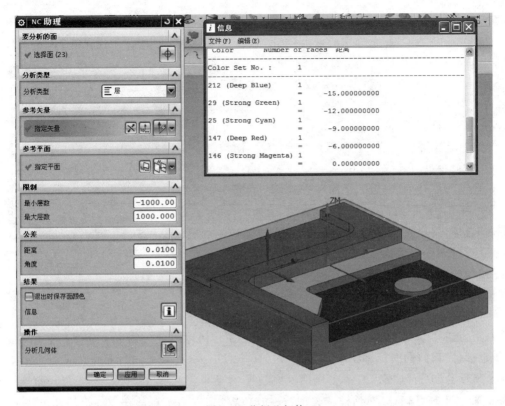

图 2-5 分析几何体

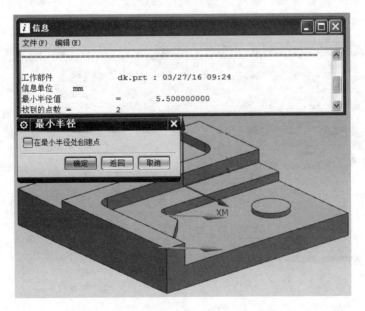

图 2-6 选择"分析"→"最小半径"命令

(8)选择"分析"→"测量距离"命令,弹出"测量距离"对话框,直接点选两个点、两个面、两条直线,或者点选点与面、点与直线、直线与面等都能直接测量出两者之间的最短距离。

（9）定位 WCS 到工件中心最高点，单击图标  切换到几何视图，双击 MCS_MILL 弹出"MCS 铣削"对话框，如图 2-7 所示，单击 CSYS 图标，切换到动态的 CSYS，在参考选项里切换为 WCS，单击"确定"按钮即可使加工坐标系与工作坐标系重合了。

在"MCS 铣削"机床坐标系对话框中选择"安全设置"命令展开定义区，在"安全设置选项"中单击黑色箭头展开列表选择"平面"立即出现"指定平面"项，单击图标弹出"平面"对话框，选择"自动判断"选项，用鼠标选择零件上表面并在距离中输入 30，按 Enter 键后，安全平面显示出来。单击"确定"按钮两次退出对话框。这样就定义一个与零件相关的安全平面。

图 2-7　MCS 铣削对话框

（10）双击 WORKPIECE 或在 WORKPIECE 上右击，选择"编辑"命令，弹出"工件"对话框。在几何体组中分别定义部件和毛坯，单击"指定部件"后面的图标，弹出"部件几何体"对话框，直接单击屏幕中的图形零件，如图 2-8 所示，单击"确定"按钮完成回到"工件"对话框。再单击"指定毛坯"后面的图标，弹出"毛坯几何体"对话框，"类型"选择"包容块"后系统自动在零件上添加方块毛坯体，如图 2-9 所示，单击"确定"按钮两次完成几何体的定义。分别单击 和 图标的手电筒，可分别查看刚刚定义的部件几何体和毛坯几何体。

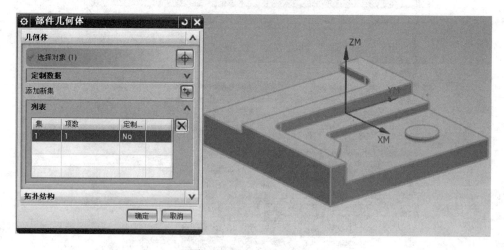

图 2-8　选择部件几何体

（11）单击创建刀具图标弹出"创建刀具"对话框，如图 2-10 所示，按图创建直径为 $\phi 10$ 和 $\phi 16$ 的立铣刀，输入刀具名称 D10R0 和 D16R0，单击"确定"按钮，弹出"铣刀-5 参数"对话框，按图 2-11 参数设置，切换到刀具视图可以看到创建的刀具。

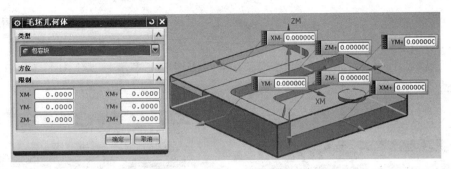

图 2-9　选择毛坯几何体

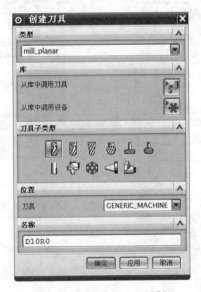

图 2-10　"创建刀具"对话框

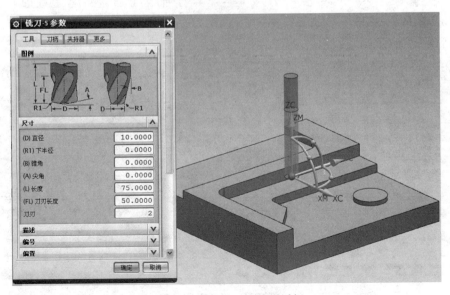

图 2-11　"铣刀-5 参数"对话框

（12）单击创建工序图标 弹出"创建工序"对话框，如图 2-12 所示，按图设置，选择"类型"为 mill_planar，单击工序子类型中的第 5 个图标 平面铣，"程序"为 PROGRAM、"刀具"为 D16R0、"几何体"为 WORKPIECE、"方法"为 MILL_ROUGH，单击"确定"按钮进入"平面铣"对话框，如图 2-13 所示。

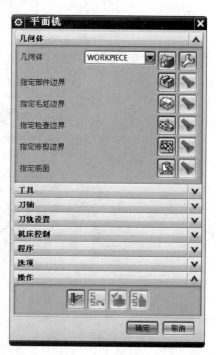

图 2-12　"创建工序"对话框　　　　　　　图 2-13　"平面铣"对话框

（13）单击"指定底平面"后面的图标 ，弹出"平面"对话框，用自动判断的方式直接选择图形的底面，如图 2-14 所示，注意偏置值距离为 0，单击"确定"按钮并退出，至此底平面几何体定义完成。

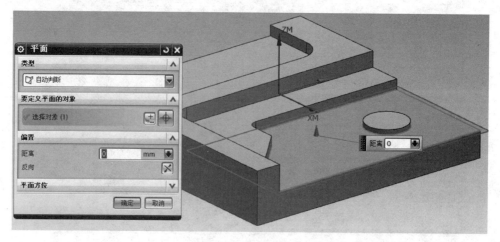

图 2-14　指定底平面

（14）单击"指定部件边界"后面的图标 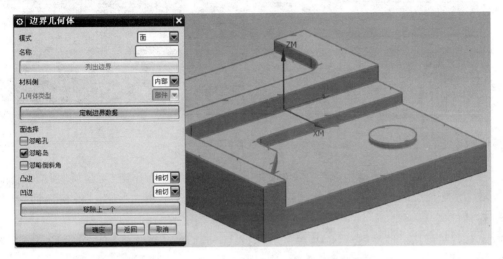，弹出"边界几何体"对话框，按默认的面模式不用设置任何的参数，直接单击工件中的所有需要加工的平面，如图 2-15 所示，自然就会生成零件各个部分的边界，单击"确定"按钮并退出，在这里不必考虑材料侧的问题，也不必考虑边界平面的问题。

图 2-15　指定部件边界

（15）单击"指定毛坯边界"后面的图标 ，弹出"边界几何体"对话框，按默认的面模式不用设置任何的参数，直接单击工件中的底面生成边界，如图 2-16 所示，单击"确定"按钮并退出回到"平面铣"对话框。再次单击"指定毛坯边界"后面的图标 ，弹出"编辑"对话框，修改"平面"为"用户定义"弹出"平面"对话框，如图 2-17 所示，"类型"选择"自动判断"，选择对象为零件上表面，偏置距离为零，单击"确定"按钮两次返回"平面铣"对话框。这一步把边界抬高到最高面，要使刀具从这里开始加工。至此明确的加工范围已经定义完成。

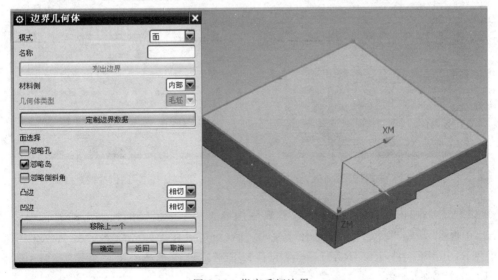

图 2-16　指定毛坯边界

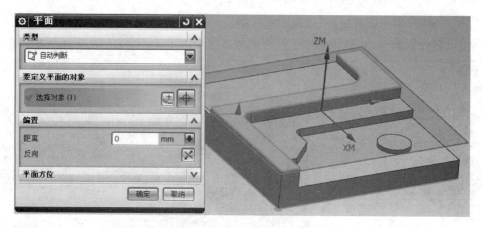

图 2-17　"平面"对话框

（16）在平面铣对话框中选择"刀轨设置"命令展开定义区，单击"切削层"后面的图标 <img>，弹出"切削层"对话框，如图 2-18 所示，按照图中设置后单击"确定"按钮返回"平面铣"对话框。

（17）在"刀轨设置"展开区中，单击"切削参数"后面的图标 <img>，弹出"切削参数"对话框，如图 2-19 所示，在"策略"选项卡中，将"切削顺序"改为"深度优先"，选择"连接"选项卡，在"开放刀路"中选择"变换切削方向"单击"确定"按钮。

图 2-18　"切削层"对话框

图 2-19　"切削参数"对话框

（18）然后单击生成刀轨图标 <img>，这样就生成了一个平面铣的粗加工的刀轨程序，如图 2-20 所示。单击"确定"按钮退出"操作"对话框，可以在操作导航器中在 WORKPIECE 下、在 D16R0 下、在 PROGRAM 下、在 MILL_ROUGH 下都产生了一个名为 PLANAR_MILL 的操作。

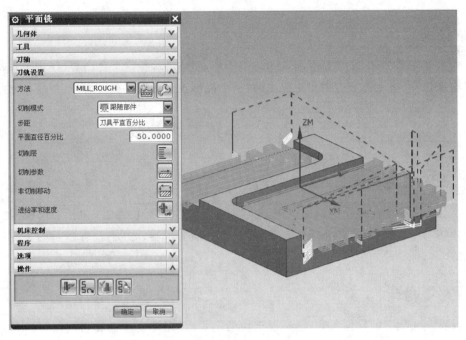

图 2-20 平面铣粗加工刀轨

(19)在 WORKPIECE 右击,弹出菜单选择"刀轨"→"确认"命令或者直接单击图标 ,弹出"刀轨可视化"对话框,单击选择"2D 动态"后单击播放箭头 ▶ 即可开始模拟,其结果如图 2-21 所示。

(20)选择"文件"→"保存"命令,关闭软件。

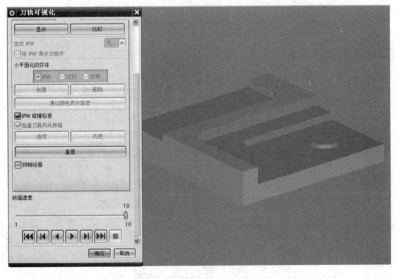

图 2-21 刀轨可视化仿真加工

任务 2.1 操作参考.mp4

(29.5MB)

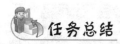

任务总结

通过本任务的学习,掌握平面铣的加工原理,能够准确指定部件边界、指定毛坯边界、指定检查边界、指定修剪边界和指定底面,从而能够正确创建平面铣操作。

任务 2.2　设置操作参数

学习目标

本任务主要学习操作参数的设定,它包括了 UG 大部分的参数,包括切削模式、切削步进和切削层、切削参数和非切削参数等的设定,而对于本任务中没有涉及的关键参数,在之后的教程中会逐渐涉及。

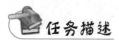

任务描述

设置垫块加工的操作参数,包括设定切削模式、设定切削步进和切削层、设定切削参数和非切削参数,最终达到合理规划刀具路径的目的。

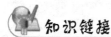

知识链接

2.2.1　切削模式

切削模式定义了在切削区域中刀位的移动轨迹,其分类和特点见表 2-2。

表 2-2　切削模式式及特点

切　削　模　式	特　　点
往复式切削(Zig-Zag)	产生平行线切削轨迹
单向切削(Zig)	
单向带轮廓铣(Zig With Contour)	
跟随周边(Follow Periphery)	产生系列同心切削轨迹
跟随工件(Follow Part)	
摆线切削(Trochoidal)	
轮廓切削(Profile)	只沿轮廓外形切削
标准驱动切削(Standard Drive)	

1. 往复式切削(Zig-Zag) ⊟

采用往复式切削模式,刀具在切削过程中保持连续的进给运动,很少有抬刀动作,是一种效率比较高的切削模式,往复式切削刀具轨迹如图 2-22 所示。

往复式切削过程中切削方向交替变化,顺铣与逆铣也交替变换。往复式切削通常用于内腔的粗加工,并且步进移动尽量在拐角控制中设置圆角过渡;为减小切削过程中机床的振动,用户可以在切削中自定义切削方向与 X 轴之间的角度;首刀切入内腔时,如果没有预钻孔,应该采用斜线下刀,斜线的坡度一般不大于 $5°$(在"进刀/退刀"方式中定义)。

2. 单向切削(Zig)

单向切削模式是建立平行且单向的刀位轨迹,它能始终维持一致的顺铣或者逆铣切削,并且在连续的刀具轨迹之间没有沿轮廓的切削。

刀具在切削轨迹的起点进刀,切削到切削轨迹的终点,然后刀具回退至转移平面高度,转移到下一行轨迹的起点,刀具开始以同样的方向进行下一行切削。单向切削刀具轨迹如图 2-23 所示。

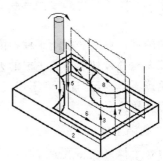

图 2-22　往复式切削图　　　　　　　图 2-23　单向切削

单向切削模式在每一切削行之间都要抬刀到转移平面,并在转移平面进行水平的不产生切削的移动,因而会影响加工效率。单向切削模式能始终保持顺铣或者逆铣的状态,通常用于岛屿表面的精加工和不适用往复式切削模式的场合。

3. 单向带轮廓铣(Zig With Contour)

单向带轮廓铣也称为沿轮廓单向切削,产生平行的、单向的、沿着轮廓的刀位轨迹,始终维持顺铣或者逆铣的状态。它与单向切削类似,但是在下刀时将下刀在前一行的起始点位置,然后沿轮廓切削到当前行的起点进行当前行的切削。切削到端点时,沿轮廓切削到前一行的端点,然后抬刀至转移平面,再返回到起始边当前行的起点下刀进行下一行的切削。单向带轮廓铣切削刀具轨迹如图 2-24 所示。

沿轮廓的单向切削,通常用于粗加工后要求余量均匀的零件。如侧壁要求高的零件或者薄壁零件,使用此种模式,切削比较平稳,对刀具没有冲击。

4. 跟随周边(Follow Periphery)

跟随周边也称为沿外轮廓切削,用于创建一条沿着轮廓顺序的、同心的刀位轨迹。它是通过对外围轮廓区域的偏置得到的,当内部偏置的形状产生重叠时,它们将被合并为一条轨迹后,再重新进行偏置产生下一条轨迹。所有的轨迹在加工区域中都以封闭的形式呈现。跟随周边切削刀具轨迹如图 2-25 所示。

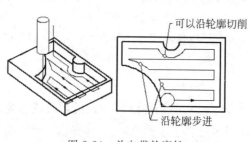

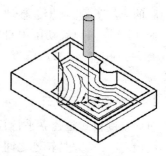

图 2-24 单向带轮廓铣　　　　　　　　　　图 2-25 跟随周边

此模式与往复式切削一样，能维持刀具在步距运动期间连续地进刀，以产生最大的材料切除量。除了可以通过顺铣和逆铣选项指定切削方向外，还可以指定向内或者向外的切削。

跟随周边切削和跟随工件切削通常用于有岛屿和内腔零件的粗加工，如模具的型芯和型腔。这两种切削模式生成的刀轨都由系统根据零件形状偏置产生。形状交叉的地方刀具轨迹不规则，而且切削不连续，一般可以通过调整步距、刀具或者毛坯的尺寸，得到理想的刀具轨迹。

5. 跟随工件（Follow Part）

跟随工件也称为沿零件切削，是通过对所指定的零件几何体进行偏置，从而产生刀轨。沿外轮廓切削只从外围的环进行偏置，而沿零件切削是从零件几何体所定义的所有外围环（包括岛屿、内腔）进行偏置创建刀具轨迹。跟随工件切削刀具轨迹如图 2-26 所示。

与跟随周边切削不同，跟随工件切削不需要指定向内或者向外切削（步距运动方向），系统总是按照切向零件几何体来决定切削方向。换句话说，对于每组刀具轨迹的偏置，越靠近零件几何体的偏置则越靠后切削。对于型腔来说，步距方向是向外的；而对于岛屿，步距方向是向内的。

跟随工件的切削模式可以保证刀具沿所有的零件几何进行切削，而不必另外创建操作来清理岛屿，因此对有岛屿的型腔加工区域，最好使用跟随工件的切削模式。当只有一条外形边界几何时，使用跟随周边与跟随工件切削模式生成的刀具轨迹是一样的。建议优先选用跟随工件模式进行加工。

注意：使用跟随周边模式或者跟随工件模式切削生成的刀具轨迹，当设置的步进大于刀具有效直径的 50% 时，可能在两条路径间产生未切削区域，在加工工件表面留有残余材料，铣削不完全。

6. 摆线切削（Trochoidal）

摆线切削通过产生一个小的回转圆圈，从而避免在切削时发生全刀切入而导致切削的材料量过大。摆线加工可用于高速加工，以较低且相对均匀的切削负荷进行粗加工。摆线切削刀具轨迹如图 2-27 所示。

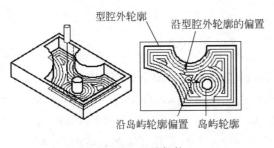

图 2-26　跟随部件

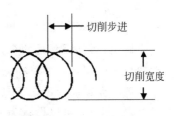

图 2-27　摆线切削

7. 轮廓切削（Profile）🔲

轮廓切削可以产生一条或者指定数量的刀具轨迹来完成零件侧壁或轮廓的切削。可以使用"附加刀路"选项创建切向零件几何体的附加刀具轨迹。所创建的刀具轨迹沿着零件壁，且为同心连续的切削。轮廓切削刀具轨迹如图 2-28 所示。

轮廓切削模式通常用于零件的侧壁或者外形轮廓的精加工或者半精加工。

8. 标准驱动切削（Standard Drive）🔲

标准驱动切削是一种轮廓切削模式，它严格地沿着边界驱动刀具运动，在轮廓切削使用中排除了自动边界修剪的功能。使用这种切削模式时，可以允许刀具轨迹自相交。每一个外形生成的轨迹不依赖于任何其他的外形，只由本身的区域决定，在两个外形之间不执行布尔操作。这种切削模式非常适合于雕花、刻字等轨迹重叠或者相交的加工操作。标准驱动与轮廓切削的区别如图 2-29 所示。

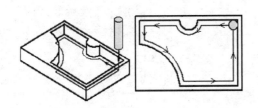

图 2-28　轮廓切削

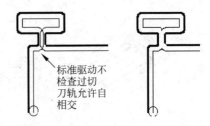

图 2-29　标准驱动与轮廓切削的区别

标准驱动方法与轮廓切削模式相同，但是多了轨迹自交选项的设置。如果把轨迹自交选项设置为 ON，它可以用于一些外形要求较高的零件加工，如为了防止外形的尖角被切除，工艺上要求在两根棱相交的尖角处，刀具圆弧切出、再圆弧切入，此时刀具轨迹要相交，可选用标准驱动模式。

注意：使用标准走刀方式可能会产生过切。

刀具路径走刀方式，能够决定铣削的速度快慢与刀痕方向，因此设定适当的切削模式，对于刀具路径的产生，是非常重要的条件。最常用方式是在精加工中使用轮廓切削模式，在粗加工中使用跟随工件切削模式。

2.2.2　切削步进和切削层

1. 切削步进

步进也称行间距,是两个切削路径之间的间隔距离。在平行切削的切削模式下,步进是指两行间的间距;而在环绕切削方式下,步进是指两环间的间距,如图2-30所示。

步进的设置需要考虑刀具的承受能力、加工后的残余材料量、切削负荷等因素。在粗加工时,步进最大可以设置为刀具有效直径的90%。UG提供了五种设定间距的方式。

(1) 恒定的(Constant):指定相邻的刀位轨迹间隔为固定的距离。

(2) 残余波峰高度(Scallop):根据在指定的间隔刀位轨迹之间,刀具在工件上造成的残料高度来计算刀位轨迹的间隔距离,需要输入允许的最大残余波峰高度值。这种方法设置可以由系统自动计算为达到某一粗糙度而采用的步进,特别适用于使用球头刀进行加工时步进的计算。

(3) 刀具直径百分比(Tool Diameter):指定相邻的刀位轨迹间隔为刀具直径的百分比。

如果使用刀具直径百分比来确定,无法平均等分切削区域,则系统自动计算出一个略小于此刀具直径百分比的距离,且能平均等分切削区域的距离。如切削区域总宽度为20,使用 $\phi 5$ 的平底刀进行加工,设定步进计算方法为刀具直径,百分比为60%,则实际产生的刀具路径总切削行数为4行,实际切削行距为2.5(刀具直径的50%)。

注意:步进计算时的刀具直径是按有效刀具直径计算,即使用平底刀或者球头刀时,按实际刀具直径 D 计算,而使用圆鼻刀(牛鼻刀)时,在计算时去掉刀尖圆角半径部分即为 $(D-2R)$。如 $\phi 32R6$ 的刀具,其有效直径为20,如图2-31所示。

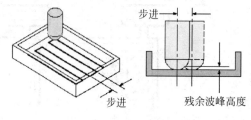

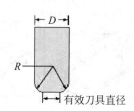

图2-30　切削步进示意图　　　　图2-31　有效刀具直径示例

(4) 可变的(Variable):使用手动方式设置多个可变的刀位轨迹间隔,对每段间隔可以指定此种间隔的走刀次数。系统会在设定的范围内计算出合适的行距与最少的走刀次数,且保证刀具沿着外形切削而不会留下残料,如图2-32所示。

在做外形轮廓的精加工时,通常会因为切削阻力的关系,而有切削不完全或精度未达到要求公差范围内的情况。因此一般外形精加工的习惯是使用很小的加工余量,或者是做两次重复的切削加工。此时使用可变步距方式,搭配环状走刀,做重复切削的精加工。

(5) 附加刀路(Additional Passes):只在轮廓铣削或者标准驱动模式下才能激活。如图2-33所示,在轮廓加工时,刀位轨迹紧贴加工边界,使用附加刀路选项可以创建切向零件几何体的附加刀具轨迹。所创建的刀具轨迹沿着零件壁,且为同心连续的切削,向零件等距离偏移,偏移距离为步进值。

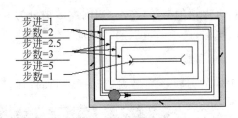

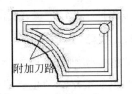

图 2-32 可变的切削步进图　　　　　　　　　图 2-33 附加刀路

2. 切削层

切削层确定多深度操作的切削深度。可以采用多种不同的方法定义切削深度参数。以平面铣为例,在平面铣"操作"对话框中单击"切削层"选项 ，将弹出如图 2-34 所示的"切削层"对话框,类型有 5 个选项,如图 2-35 所示。

图 2-34 "切削层"对话框　　　　　　　　　图 2-35 切削层类型

（1）用户定义。直接输入切削深度,用户定义方式生成的切削层可能不均等,尽量接近最大深度值,当岛屿顶部在最大深度与最小深度值之间时将生成一个切削层。

（2）恒定。指定一个恒定值来产生多个切削层,除最后一层外的所有层的切削深度保持一致。恒定方式产生的刀轨切削负荷均匀,但在某些岛屿平面上会有较多的残余。

（3）仅底面。只在底面创建一个唯一的切削层,无须设置任何数值。

（4）底面及临界深度。在底面与岛屿顶面创建切削层,岛屿顶面的切削层不会超出定义的岛屿边界,只加工岛屿及底面,可作垂直于刀轴方向的平面精加工。

（5）临界深度。临界深度创建一个平面的切削层,该选项与底面和临界深度的顶面的区别在于所生成的切削层的刀具路径将完全切除切削层平面上的所有毛坯材料,这种方式可以在粗加工中以最少切削层来精加工岛屿顶面。

2.2.3 切削参数

切削参数用于设置刀具在切削工件时的一些处理方式。它是每种操作共有的选项,但某些选项随着操作类型的不同和切削模式或驱动方式的不同而变化。

在操作对话框中选择"切削参数"图标 ，进入切削参数设置。切削参数被分为6个选项卡，分别是策略、余量、拐角、连接、空间范围、更多，选项卡可以通过顶部标签进行切换。

1."策略"选项卡

策略是切削参数设置中的重点，而且对生成的刀轨影响最大。选择不同的切削模式，切削参数的策略选项也将有所不同，某些策略选项是公用的，而某些策略选项只在特定的切削方式下才有。图2-36所示为切削模式选择"跟随周边"时的"策略"选项卡。

1）切削方向

切削方向可以选择"顺铣"或"逆铣"，顺铣表示刀具的旋转方向与进给方向一致，而逆铣则表示刀具的旋转方向与进给方向相反。

通常情况下切削方向选择"顺铣"，但在加工工件为锻件或铸件且表面未粗加工时应优先选择"逆铣"。对于往复切削，其切削过程中将产生顺铣与逆铣混合的方向，但在壁清理与岛清理时将以指定的方向切削。

2）切削顺序

切削顺序用于指定含有多个区域和多个层的刀轨切削的顺序。切削顺序有"深度优先"和"层优先"两个选项。

图 2-36 "策略"选项卡

① 深度优先在切削过程中按区域进行加工，加工完成一个切削区域后再转移到下一切削区域。

② 层优先是指刀具先在一个深度上铣削所有的外形边界，再进行下一个深度的铣削，在切削过程中刀具在各个切削区域间不断转换。

一般加工优先选用"深度优先"以减少抬刀，对外形一致性要求高或者薄壁零件的精加工中应该选择"层优先"。

3）岛清根

岛清根用于清理岛屿四周的额外残余材料，该选项仅用于切削模式为"跟随周边"。打开"岛清根"选项，则在每一个岛屿边界的周边都包含一条完整的刀具路径，用于清理残余材料。关闭"岛清理"选项，则不清理岛屿周边轮廓。

对于型腔内有岛屿的零件粗加工，必须打开"岛清理"这一选项，否则将在周边留下很不均匀的残余，并有可能在后续的加工层中一次切除很大残料。

4）壁清理

当使用单向、往复和跟随周边切削模式时，使用"壁清理"可以移除沿部件壁面出现的脊。系统通过在每个切削层插入一个轮廓刀路来完成清壁操作。

使用单向和往复切削模式时，通常选择壁清理选项为"在终点"，插入一个轮廓刀路来完成周边与岛屿的清壁操作,以保证侧壁上的残余量均匀。切削模式为"跟随周边"时无须打开"壁清理"选项。

5）延伸刀轨

在边上延伸选项可以将切削区域向外延伸,在选择了切削区域几何体后才起作用。通过在边上延伸,可以保证边上不留残余。另外还可以在刀轨刀路的起点和终点添加切削运动,以确保刀具平滑地进入和退出部件。

6）精加工刀路

精加工刀路即指定刀具完成主要切削刀路后所做的最后切削的刀路。指定在零件轮廓周边的精加工刀轨,可以设置加工刀路数与步距。

7）毛坯距离

对部件边界或部件几何体应用偏置距离以生成毛坯几何体。不用选择毛坯几何体,通过设置毛坯距离,来生成毛坯距离范围内的刀轨,而不是整个轮廓所设定的区域。

8）刀路方向

进行跟随周边或者跟随部件的环绕加工时,可以指定刀具从部件的周边向中心切削(或沿相反方向)。通过设定刀路方向为"向内"从周边向中心切削;"向外"将刀具向外从中心移至周边。

9）切削角

当选择切削模式为往复、单向或单向轮廓时,可以指定切削角度,有三种方法定义切削角。

① 自动:由系统决定最佳的切削角度,以使其中的进刀次数为最少。

② 最长的线:由系统评估每一个切削所能达到的切削行的最大长度,并且以该角度作为切削角。

③ 用户自定义:输入角度值直接指定。该角度是相对于工作坐标系 WCS 的 X 轴测量的。

指定切削角度时,应尽量使切削轨迹与各个侧壁的夹角相近。

2."余量"选项卡

"余量"选项卡确定完成当前操作后部件上剩余的材料量,相当于将当前的几何体进行偏置。"余量"选项卡通常可以在粗加工时为精加工保留余量,以及为检查几何体、修剪边界几何体保留足够的安全距离。在余量选项中还可以指定公差,用于限定加工后的表面精度。

在"切削参数"对话框中,单击"余量"选项卡,如图 2-37 所示,分为"余量"与"公差"两组。

1）部件余量

部件余量即指定部件几何体周围包围着的、刀具不能切削的一层材料,指的是部件侧面的加工余量。

图 2-37　"余量"选项卡

2）最终底面余量

最终底面余量指的是部件底面的余量。

3）毛坯余量

毛坯余量即指定刀具偏离已定义毛坯几何体的距离，设置毛坯余量可将毛坯放大或缩小，在实际毛坯不规则时，设置毛坯余量可以扩大加工范围，保证彻底去除材料。

4）检查余量

检查余量即表示切削时刀具离开检查几何体的距离，把一些重要的加工面或者夹具设置为检查几何体，加上余量的设置，可以防止刀具与这些几何体接触，以起到安全和保护的作用。

5）修剪余量

修剪余量即指定刀具位置与已定义修剪边界的距离，修剪边界在零件模型上拾取，而实际的零件加工区域需要通过放大或缩小修剪边界才能得到，并通过修剪余量进行调整。如设置余量为刀具半径值，则修剪的刀轨将与边界相切。

6）内公差与外公差

公差定义了刀具偏离实际零件的允许范围，公差值越小，切削越准确，产生的轮廓越光顺。切削内公差设置刀具切入零件时的最大偏距，外公差设置刀具切削零件时离开零件的最大偏距。

3. "拐角"选项卡

"拐角"选项卡设置用于产生在拐角处平滑过渡的刀轨，有助于预防刀具在进入拐角处产生偏离或过切。特别是对于高速铣加工，拐角控制可以保证加工的切削负荷均匀。

在"切削参数"对话框中，单击"拐角"选项卡，如图2-38所示，分为拐角处的刀轨形状、圆弧上进给调整与拐角处进给减速三组。

1）凸角

在平面铣操作中，凸角用于对尖角进行处理，可以选择三种不同的凸角过渡方式。

① 绕对象滚动：设置刀具在铣削至外凸拐角时插入一段圆弧进行过渡，其半径等于刀具半径，圆心为拐角顶端，以便在拐角时，使用刀具与零件保持接触。

② 延伸：沿切线方向延伸刀具路径，直至交点位置。

③ 延伸并修剪：沿切线方向延伸刀具路径，延伸路径作倒角过渡。

采用"绕以下对象滚动"方式产生的刀路相对平稳，适用于大部分的加工状态。使用"延伸"方式可以保证角落尖角。

图 2-38   "拐角"选项卡

2）光顺

拐角处的刀轨形状可以选择是否在刀轨转角处增加圆弧，以避免切削方向的突变，平滑过渡刀轨。光顺选项选择"无"不添加圆角，直接以尖角过渡；选择"所有刀路"则在转角处进行圆角过渡。

选择光顺过渡时，需要指定"半径"值，指定添加到拐角和步距运动的光顺圆弧半径。通常半径值不超过步距值的50%。使用光顺圆角过渡后，在圆角处两行间的步距可能增大，"步距限制"可以限制最大步距值，可以设置为100%～300%。加工硬材料或高速加工时，为所有拐角添加圆角尤其有用，可以防止方向突然变化，对机床和刀具造成过大的压力。

3）圆弧上进给调整

通过调整进给率，使刀具在铣削拐角时，保证刀具外侧切削速度不变，而非刀具中心保持进给速度。选择"无"选项，不作进给率的调整，选择"在所有圆弧上"选项启用进给速度的调整。需要指定最大补偿因子与最小补偿因子。

指定选项为"在所有圆弧上"，可使铣削更加均匀，也减少刀具切入或偏离拐角材料的机会，特别在高速加工中应用尤为重要。

4）拐角处进给减速

在零件的拐角处给刀具进给降速。减速距离选择"无"选项，不使用进给减速，选择"当前刀具""上一个刀具"选项分别以当前刀具或前一个刀具的直径作为减速距离的参考。其中"刀具直径百分比"选项使用刀具直径百分比作为减速距离；"减速百分比"设置原有进给率的减速百分比；"步数"设置应用到进给率的减速步数；"最小拐角角度"与"最大拐角角度"指定拐角范围，在范围以外的拐角不作减速处理。

在进给速度很高的切削运动中，拐角处相当于在一个方向刹车再转向加速，产生较大的冲击。通过拐角处进给减速，可以提前平稳地降速，避免机床产生大的冲击，减少零件在凹角切削时的啃刀现象。

4."连接"选项卡

"连接"选项卡用于设置切削运动间的运动方式，通过合理的连接选项设置可以缩短切削路径，提高切削效率。

在"切削参数"对话框中，单击"连接"选项卡，选择不同的切削模式，其选项也有所不同，图2-39所示为切削模式为"跟随部件"的"连接"选项卡。

1）切削顺序

切削顺序下的区域排序用于指定多个切削区域的加工顺序，这是所有切削模式公用的选项。可以选择标准、优化、跟随起点、跟随预钻点等4个选项。

① 标准：标准以零件创建的顺序来确定，大部分情况下，切削区域的加工顺序将是任意和低

图2-39　"连接"选项卡

效的。

②优化：根据加工效率来决定切削区域的加工顺序。系统确定的加工顺序可使刀具尽可能少地在区域之间来回移动，并且当从一个区域移到另一个区域时刀具的总移动距离最短。

③跟随起点：根据指定"切削区域起点"时所采用的顺序来确定切削区域的加工顺序。

④跟随预钻点：根据指定"预钻进刀点"时所采用的顺序来确定切削区域的加工顺序。

通常情况下，选择"优化"选项以提高效率，特别是使用"根据层"方式时，区域排序对加工效率影响还是比较大的。在特定的情况下，如异形薄壁加工时，可以指定跟随起点或跟预钻点方式按需要确定加工顺序。

2）区域连接

生成刀路过程中，刀轨可能会遇到诸如岛、凹槽或其他障碍物，此时刀路会将该切削层中的可加工区域分成若干个子区域。"区域连接"选项确定如何转换刀路以及如何连接这些子区域。打开"区域连接"选项将分隔开的区域连接在同一平面上连接起来加工而不抬刀；关闭区域连接可保证生成的刀轨不会出现重叠或过切，但是会产生相对多的进刀与退刀。

3）跟随检查几何体

确定刀具在遇到检查几何体时的运动方式，该选项仅应用于切削模式为"跟随部件"的刀路。打开"跟随检查几何体"选项后，刀具将沿"检查"几何体进行切削。关闭该选项后，将退刀并使用指定的避让参数。

如使用夹具，并且高度较高时，选择"跟随检查几何体"选项而不要抬刀；如果检查几何体面积较大，造成沿检查几何体切削路径较长时，应选择关闭"跟随检查几何体"选项。

4）开放刀路

开放刀路仅应用于切削模式为"跟随部件"与"轮廓铣削"的刀路。部件的偏置刀路与区域的毛坯部分相交时，形成开放刀路。"开放刀路"选项可以指定在该部位的处理方式。选择"变换切削方向"选项，以往复的方式进入下一行的切削加工；选择"保持切削方向"选项，使用单向加工方式，抬刀到下一行的起点再进刀进入切削。

对允许顺铣和逆铣混合加工的部件，选择"变换切削方向"选项可以减少抬刀，提高加工效率。而选择"保持切削方向"选项可以保持单一的顺铣或逆铣方向。

5）跨空区域

零件中含有凹槽或孔形成的空区域，"跨空区域"选项可以指定该区域的处理方式。"跨空区域"选项只在单向、往复和单向轮廓切削模式可用。当跨空区域切削时，有3个选项可供选择。

①跟随：在切削层上绕过跨空区域移动，进行提抬刀。

②切削：继续沿相同方向以切削进给率进行切削，相当于忽略了跨空区域。

③移刀：将继续沿相同的方向切削，但如果跨空距离超过移刀距离，当刀具完全悬

空时会从切削进给率改为移刀进给率。选择移刀选项时还需要指定"最小移刀距离"。

如果零件中含有孔或者小凹槽,可以使用选择跨空选项为"切削"忽略孔而不做提刀动作。

6) 最小化进刀数

存在多个区域时,安排刀轨将进刀和退刀运动次数减至最少。该选项仅用于"往复"切削模式。

7) 最大移刀距离

定义不切削时刀具沿部件进给的最长距离,仅用于"摆线"切削模式。当系统需要连接不同的切削区域时,如果这些区域之间的距离小于此值,则刀具将沿部件进给。如果该距离大于此值,则系统将使用当前传递方法来退刀、移刀并进刀至下一位置。可以用距离或刀具直径的百分比来指定。

5. "空间范围"选项卡

加工范围主要是通过几何体来定义的,空间范围选项则可以用非几何体的方法进一步限定加工范围。"空间范围"选项卡如图 2-40 所示。

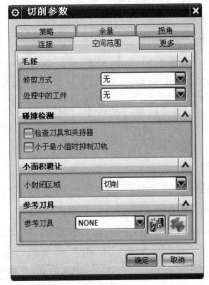

1) 修剪方式

可以使用所定义部件几何体的最大边界范围作为"修剪"边界。选择"无"选项不使用修剪。选择"轮廓线"或"外部边"选项,沿部件几何体边缘定位刀具,并将刀具向外偏置,偏置值为刀具的半径,这些形状将沿刀轴投影到各个切削层上,并且将在生成可加工区域的过程中用作修剪几何体。

型芯部件加工时没有选择毛坯几何体、切削区域几何体、修剪边界几何体,可以通过选择裁剪由"轮廓线"识别出型芯部件的"毛坯几何体"生成刀轨。

2) 处理中的工件

可以在型腔铣中自动计算并切削前一个操作余下来的工件材料,有 3 个选项,分别如下。

图 2-40　"空间范围"选项卡

① 无:不使用处理中的工件,使用现有的毛坯几何体,或切削整个型腔。

② 使用 3D:在同一几何体组中使用之前操作的 3D IPW 几何体;选择这一方式必须在几何体组中定义毛坯几何体。

③ 使用基于层:在同一几何体组中使用之前型腔铣和深度加工操作的切削区域,它比 3D IPW 更快,通常也更规则。

进行加工前已经通过之前加工去除了大量余量,处理中的工件应用"使用基于层"选项,以残余料来作为毛坯计算后续刀路轨迹。

3) 检查刀具和夹持器

夹持器在"刀具定义"对话框中被定义为一组圆柱或带锥度的圆柱,使用刀具夹持器的定义确保刀轨不会有夹持器碰撞。创建"型腔铣"操作,打开"检查刀具和夹持器"选项,如果系统检测到刀具夹持器和工件间发生碰撞,则不会切削发生碰撞的区域。所有后续的型腔铣操作必须使用"基于层的IPW"选项,才能移除这些未切削区域。选中使用刀具夹持器时,有"IPW碰撞检查"选项,用于指定是否检查刀具夹持器与IPW(处理中的工件)碰撞。

在深腔加工中,由于刀具长度不足,可能会发生刀具夹持器与工件碰撞的情况,此时可以打开"检查刀具和夹持器"选项来避免,使用这一选项时,一定要创建与实际使用完全一致的刀具夹持器。

4) 小于最小值时抑制刀轨

允许控制操作仅移除少量材料时是否输出刀轨。关闭"小于最小值时抑制刀轨"选项则输出所有刀轨;打开该选项时刀轨上移除量小于指定量的任何段均受到抑制而不再输出,仅在较大的切削区域中生成刀轨。需要指定"最小体积百分比"。

使用处理中的工件作为毛坯时,尤其是在较大的工件上,软件可能生成刀轨以移除小切削区域中的材料,而这些小区域往往可以在后续创建的操作中进行去除,打开"小于最小值时抑制刀轨"选项可以忽略这些区域。

5) 小面积避让

"小面积避让"选项确定将很小的封闭区域的处理方式。小封闭区域选择"忽略"选项将不加工面积小于指定大小的切削区域;选择"切削"选项则加工所有区域。

在零件上有孔或者很小的凹槽,使用不具备端铣能力的刀具进行加工时,为避免刀具受挤,应用将"小封闭区域"选项设置为"忽略"。

6) 参考刀具

要加工上一个刀具未加工到的拐角中剩余的材料时,指定前一刀具错过的拐角中的剩余材料。软件计算指定的参考刀具剩下的材料,为当前操作定义切削区域。通常在参考刀具的下拉列表中直接选择刀具。选择刀具后,需要指定"重叠距离",将待加工区域的宽度沿切面延伸指定的距离,以确保完全去除残余材料。

前面的加工选择相对较大的刀具进行加工,则在角落上会有剩余材料;选择的刀具底圆角半径较大,则会在壁和底部面之间有剩余材料。只对这一部分材料进行加工时,需要指定参考刀具,将生成的刀路限制在拐角区域内。

7) 陡峭

可以区别陡峭程度,只加工陡峭的壁面。在型腔铣操作中,只有选择了参考刀具才可以选择"陡峭"选项。陡峭空间范围设置为"无"选项,整个零件轮廓将被加工。陡峭空间范围设置"仅陡峭的"选项,只有陡峭度大于指定陡峭角度的区域被加工,非陡峭区域就不加工。选择"仅陡峭的"选项,需要指定陡峭"角度",任何给定点处的部件陡峭度可定义为刀轴和面法向之间的角度。

创建型腔铣操作,在侧壁的拐角上留有较多余量,平缓区域的残余量相对较小,可以仅对陡峭部分做补充加工。

6. "更多"选项卡

"更多"选项卡中列出一些与切削运动相关的,而又没有列入其他选项卡的部分选项。

"更多"参数选项卡如图 2-41 所示,包括安全距离、区域连接、边界逼近、容错加工、允许底切和下限平面等选项。

1）安全距离

安全距离用于设置水平方向的安全间隔,定义了刀具所使用的自动进刀/退刀距离。它为部件定义刀具夹持器不能触碰的扩展安全区域。设置较大的安全距离可以确保安全,而较小的值则可以缩短刀具路径。

2）区域连接

区域连接用于设置在同一切削深度、不同切削区域间是否抬刀。若勾选该复选框,则不同切削区域间不抬刀;否则,不同切削区域进行切削时抬刀。

3）边界逼近

边界逼近方式打开时在远离轮廓时使用近似的边界,而不保证完全准确。刀轨以步距的一部分作为近似公差,允许刀具做更长的直线运动。当轮廓包含二次曲线或样条曲线,打开"边界逼近"选项可减少处理时间及缩短刀轨。

图 2-41 "更多"选项卡

4）容错加工

可准确地寻找不过切零件的可加工区域。在大多数切削操作中,该选项是激活的。激活该选项时,材料边仅与刀轴矢量有关,表面的刀具位置属性不管如何指定,系统总是设置为"相切于"。通常情况下都打开"容错加工"选项,只在需要进行倒拔模零件加工时,要关闭"容错加工"选项。

5）允许底切

可使系统根据底切几何调整刀具路径,防止刀杆摩擦零件几何。只有在关闭"容错加工"选项时,该选项才被激活。在使用 T 型刀加工底切部位时,打开"允许底切"选项。

6）下限平面

指定加工时刀具所能到的最低位置,常用于刀具长度不足时的限制。

2.2.4 非切削参数

非切削移动指定切削加工以外的移动方式,非切削移动在切削运动之前、之后和之间定位刀具,如进刀与退刀、区域间连接方式、切削区域起始位置、避让、刀具补偿等选项。非切削移动控制如何将多个刀轨段连接为一个操作中相连的完整刀轨。图 2-42 所示为

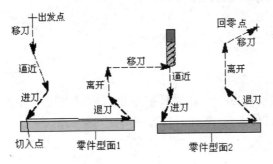

图 2-42 非切削移动示意

非切削移动的运行示意。"非切削移动"对话框中包含 6 个选项卡,分别是进刀、退刀、起点/钻点、转移/快速、避让、更多。

1. "进刀"选项卡

"进刀"选项卡用于定义刀具在切入零件时的距离和方向。进刀选项的含义使系统会自动地根据所指定的切削条件、零件的几何体形状和各种参数来确定刀具的进刀运动。"进刀"选项卡如图 2-43 所示,进刀分为封闭区域与开放区域,并且可以为初始封闭区域与初始开放区域设置不同的进刀方式。封闭区域是指刀具到达当前切削层之前必须切入材料中的区域。开放区域是指刀具在当前切削层可以凌空进入的区域。

1) 封闭区域

在封闭区域中,通常使用的进刀的类型有以下几种,也可以设置为与"与开放区域"相同。

① 螺旋线:选择进刀类型为螺旋线时,需要设置螺旋直径、斜角、高度等参数。进刀路线将以螺旋方式渐降。最小安全距离用来避免切削到零件侧壁;最小倾斜长度忽略距离很小的区域,将采用插铣下刀。

螺旋线将在第一刀切削运动中创建无碰撞的螺旋形进刀移动。如果无法满足螺旋线移动的要求,则替换为具有相同参数的倾斜移动,采用螺旋下刀方式可以避免刀具的底刃切削。

② 沿形状斜下刀:与螺旋方式相似采用斜下刀,不过其路径沿着所生成的切削行进行倾斜下刀。

图 2-43 "进刀"选项卡

③ 插削:选择进刀类型为插削时,需要设置高度值,可以直接输入距离或者使用刀具直径的百分比。进刀路线将是沿刀具轴向下,在指定高度值切换为"进刀进给"。

插削将直接从指定的高度进刀到部件内部。在切削深度不大,或者切削材料硬度不高的情况下可以缩短进刀运行的距离。

④ 无:不设置进刀段,直接快速下刀到切削位置。

⑤ 与开放区域相同:处理封闭区域的方式与开放区域类似,且使用开放区域移动定义。

2) 开放区域

设置开放区域的进刀方式。开放区域是指刀具可以凌空进入当前切削层的加工位置,也就是毛坯材料已被去除,在进刀过程中不会产生切削动作的区域。开放区域的进刀类型有多个选项,通常选择线性或者圆弧,线性类型生成直线的进刀运动;圆弧类型生成圆弧的进刀运动。

① 与封闭区域相同：使用封闭区域中设置的进刀方式。

② 线性：与加工路径相垂直方向的直线。

③ 线性-相对于切削：与切削路径相切方向延伸出一个进刀段。

④ 圆弧：以一个相切的圆弧作为切入段。

⑤ 点：指定一个点作为进刀/退刀的位置。点是通过点构造器来指定的。

⑥ 线性-沿矢量：根据一个矢量方向和距离来指定进刀运动，矢量方向是通过矢量构造器指定的，距离是指进刀运动的长度，通过键盘输入。

⑦ 角度＋角度＋平面：根据两个角度和一个平面指定进刀运动。两个角度决定了进刀的方向，通过平面和矢量方向定义了进刀的距离。角度1是基于首刀切削方向测量的，起始于首刀切削的第一个点位，并相切于零件面，其逆时针为正值；角度2是基于零件面的法平面测量的，这个法平面包含角度1所确定的矢量方向，其逆时针为负值。

⑧ 矢量＋平面：根据一个矢量和一个平面指定进刀运动。矢量方向是通过矢量构造器指定的，通过平面和矢量方向定义了进刀的距离，平面通过平面构造器指定。

⑨ 无：没有进刀运动，或者取消已经存在的进刀设定。

在开放区域同样应该进行进刀设置，以避免刀具直接插入到零件表面，可以避免产生进刀痕。进行粗加工或者半精加工时，优先使用"线性"方式，在精加工时应该采用圆弧方式，尽可能减少进刀痕。

2．"退刀"选项卡

"退刀"选项卡用于定义刀具在切出零件时的距离和方向。退刀选项可以设置与进刀选项相同，其实际是与开放区域的进刀类型及参数相同。也可以单独设置，其设置方法与进刀选项相同，"退刀"选项卡如图2-44所示。

3．"起点/钻点"选项卡

"起点/钻点"选项卡主要用于设置切削区域的起点以及预钻点，可以通过指定点来限制切削的开始位置，"起点/钻点"选项卡如图2-45所示。

1）重叠距离

在进刀位置，由于初始切削时的切削条件与正常切削时有所差别，在进刀位置，可能产生较大让刀量，因而产生进刀痕，设置重叠距离将确保该处完全切削干净，消除进刀痕迹。在精加工时，设置一个重叠距离可以有效地去除进刀痕，同时也可以避免因为刀具误差或者机床误差造成的明显切削不到位。

2）区域起点

指定切削加工的起始位置。可通过指定定制起点或默认区域起点来定义刀具进刀位置和步进方向。"默认区域起点"选项允许系统自动决定起点，默认的点位置可以是"角"落点或者是"中点"。也可以指定一个点，则系统将以该点为起点进行加工，系统将以最靠近指定点的位置作为区域起始位置。在指定区域起点时，可以设置"有效距离"，当距离过大时，将忽略指定的点。

通过指定区域起点，可以将进刀位置指定在对零件加工质量影响最小的位置，指定区域起点后系统将对齐进刀位置。

图 2-44 "退刀"选项卡

图 2-45 "起点/钻点"选项卡

3）预钻孔点

平面铣或者型腔铣刀轨的开始点通常是由系统内部处理器自动计算得到的。指定预钻孔进刀点，刀具先移动到指定的预钻孔进刀点位置，然后下到被指定的切削层高度，接着移动到处理器生成的开始点进入切削。在预钻孔点选项下选择点，即以该点为预钻孔点，并且可以指定多个点为预钻孔点，系统将自动以最近的点为实际使用的点。

在进行平面铣或型腔铣的粗加工时，为了改善下刀时的刀具受力情况，除了使用倾斜下刀或者螺旋下刀方式来改善切削路径，也可以使用预钻孔的方式，先钻好一个大于刀具直径的孔，再在这个孔的中心下刀然后水平进刀开始切削。

4．"转移/快速"选项卡

"转移/快速"选项卡指定如何从一个切削刀路移动到另一个切削刀路。通常情况下，刀具首先从其当前位置移动到指定的平面，然后移动到指定平面内高于进刀运动起点的位置，最后刀具将从指定平面移动到进刀的起始处。"转移/快速"选项卡如图 2-46 所示。

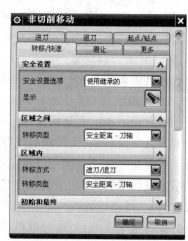

图 2-46 "转移/快速"选项卡

1）安全设置

安全设置用于指定安全设置选项，在切削加工过程中将以该间隙作为安全距离进行退刀，安全设置选项包括四种方式。

① 使用继承的：以几何体中设置的间隙选项作为当前操作的间隙选项。

② 无：不设置安全距离。

③ 自动：以安全距离避开加工件。安全距离是指当刀具转移到新的切削位置或者当刀具进刀到规定的深度时，刀具离开工件表面的距离。

④ 平面：指定一个平面作为间隙。

使用平面方式使每一次抬刀时抬高到同一高度，是绝对值；而使用自动方式则是每一次沿刀轴抬高相同的距离，是相对于切削层的高度。

2）区域之间

区域之间控制清除不同切削区域之间障碍的退刀、传递和进刀方式。

① 安全设置：退刀到"安全设置"选项指定的平面高度位置。

② 前一平面：刀具将抬高到前一切削层上垂直距离高度。

③ 直接：不提刀，直接连接到下一切削起点。

④ 最小安全值：抬刀到一个最小安全值，并保证在工件上有最小安全距离。

⑤ 毛坯平面：抬刀到毛坯平面之上。

通常来说，直接、最小安全值、前一平面、毛坯平面、间隙的抬刀高度是渐次增加的，设置区域之间的传递方式必须考虑其安全性。

3）区域内

区域内表示在同一切削区域范围中刀具的传递方式，需要指定转移方式与转移类型。

① 进刀/退刀：以设置的进刀方式与退刀方式来实现传递。

② 抬刀/插铣：抬刀到一个指定的高度再移动到下一行起始处插铣下刀进入切削。

③ 无：直接连接。

区域之间是在同一区域内的传递方式，可以使用直接方式而不做抬刀。

4）初始和最终

初始和最终用于指定初始加工逼近所采用的快速方式与最终离开时的快速方式，通常都使用"安全距离"以保证安全。

5. "避让"选项卡

避让用于定义刀具轨迹开始以前和切削以后的非切削移动的位置。

"避让"选项卡如图 2-47 所示，包括以下 4 个类型的点，可以用点构造器来定义点。

（1）出发点：用于定义新的刀位轨迹开始段的初始刀具位置。

（2）起点：定义刀位轨迹起始位置，这个起始位置可以用于避让夹具或避免产生碰撞。

（3）返回点：定义刀具在切削程序终止时，刀具从零件上移到的位置。

（4）回零点：定义最终刀具位置。往往设为与出发点位置重合。

6. "更多"选项卡

"更多"选项卡包括有"碰撞检查"选项与"刀具补偿"选项,如图 2-48 所示。通常都打开"碰撞检查"选项,而"刀具补偿"则使用"无"选项,不作刀具补偿。

图 2-47   "避让"选项卡

图 2-48   "更多"选项卡

1)碰撞检查

所有适用的余量和安全距离都添加到部件和检查几何体中用于"碰撞检查"。软件始终会尝试后备移动,如果原移动过切,则可避免碰撞。如果不能进行无过切移刀运动,则会发出警告。

选择"碰撞检查"复选框可以检测与部件几何体和检查几何体的碰撞;关闭"碰撞检查"选项,则系统允许过切的进刀、退刀和移刀。通常都打开"碰撞检查"选项,以避免产生过切。

2)刀具补偿

使用不同尺寸的刀具时,采用刀具补偿可针对一个刀轨获得相同的结果。

① 无:将不应用刀具补偿。

② 所有精加工刀路:自动提供刀具补偿(CUTCOM)语句,并将 LEFT/RIGHT 参数、最小移动值和最小角度值添加到所有刀路的输出中。

③ 最终精加工刀路:仅向最终精加工刀路应用刀具补偿。选择最终精加工刀路还会使"输出接触/跟踪数据"选项变得可用。

通常在型腔铣中不使用刀具补偿,在平面铣中,如果对同一轮廓进行使用多个刀具进行粗精加工,可以打开刀具补偿选项。

2.2.5   进给率和速度

进给率和速度用于设置主轴转速与进给,弹出"进给率和速度"对话框,可以展开进给率的"更多"选项显示不同运动状态的进给设置,如图2-49所示。

1. 自动设置

在自动设置中输入表面速度与每齿进给,系统将自动计算得到主轴转速与切削进给率。也可以直接输入主轴速度与切削进给率。

主轴转速可以输入刀具的曲面速度 V_c 由系统进行计算得到主轴转速。曲面速度为刀具旋转时与工件的相对速度,铣削加工的曲面速度与主轴转速是相关的,同时曲面速度与工件材料也有很大的关系。

$$n = V_c \times 1\,000/(\pi \times D)$$

式中:n——转速,r/min;

V_c——曲面速度,m/min;

D——刀具直径,mm。

1 000为常系数,它与作图单位有关,一般作图单位为毫米时是1 000。

进给值由所用的刀具和所切削的材料决定的,切削进给是与主轴转速成正比的,通常按以下公式进行计算:

$$F = z \times n \times f_z;$$

式中:z——刀具的刃数;

n——主轴转速,r/min;

f_z——每齿进给量,mm/齿。

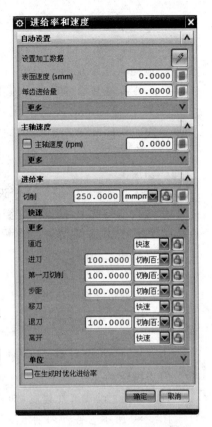

图2-49 "进给率和速度"对话框

使用从表格中重置方式可以参考刀具参数,直接计算主轴转速及切削进给。

大部分刀具供应商都会在刀具包装或者刀具手册上提供其刀具切削不同材料的线速度 V_c 和每齿进给量 f_z 的推荐值。根据刀具材料与被加工工件材料输入线速度 V_c 和每齿进给量 f_z,由系统计算主轴转速与切削进给率。

2. 主轴速度

主轴速度输入数值的单位为r/min,可直接输入。在"更多"选项卡,可以选择主轴的旋转方向,分别是主轴正转(CLW),主轴反转(CCLW),主轴不旋转(否)。除非绝对必要并有十分把握,否则主轴反转或者主轴不旋转是不应被使用的。

主轴速度是必须设置的选项,否则在加工中刀具不会旋转。对于通过自动设置计算所得的结果也可以在此作调整。

3. 进给率

进给率用于指定切削进给。切削进给是指机床工作台在切削时的进给速度,在G代码的NC文件中以F_来表示。

进给速度直接关系到加工质量和加工效率。一般来说,同一刀具在同样转速下,进给速度越高,所得到的加工表面质量会越差。实际加工时,进给跟机床、刀具系统及加工环境等有很大关系,需要不断地积累经验。

4. 更多进给选项

NX 提供了在不同的刀具运动类型下设定不同进给的功能,展开"更多"选项可以设置不同运动状态下的进给率。在进给各选项的后面都有单位,可以设置为毫米/分钟(mmpm)或者是毫米/转(mmpr),也可以设置不输出单位(否)。当使用英制单位时,进的单位为英寸/分(inpm)或英寸/转(inpr)。可以通过对话框下部的设置切削单位和设置非切削单位来快速改变各选项的单位。

(1)快速:"快速"选项用于设置快速运动时的进给,即从刀具起始点到下一个前进点的移动速度。

(2)逼近:"逼近"选项用于设置接近速度,即刀具从起刀点到进刀点的进给速度。在平面铣或型腔铣中,接近速度控制刀具从一个切削层到下一个切削层的移动速度。

(3)进刀:"进刀"选项用于设置进刀速度,即刀具切入零件时的进给速度。是从刀具进刀点到初始切削位置的移动速度。

(4)第一刀切削:设置水平方向第一刀切削时的进给速度。

(5)步进:设置刀具进入下一行切削时的进给速度。

(6)移刀:设置刀具从一个切削区域跨越到另一个切削区域时做水平非切削移动时刀具移动速度。

(7)退刀:设置退刀速度,即刀具切出零件材料时的进给速度,即刀具完成切削退刀到退刀点的运动速度。

(8)分离:设置离开速度,即刀具从退刀点到返回点的移动速度。

图 2-50 所示为各种切削进给速度应用的示意,"快速""逼近""移刀""退刀""返回"等选项的进给率为零将使后处理器输出 G00 快速定位代码;"进刀""第一刀切削""步进"等选项的进给率为零将使用切削进给率。在进刀时产生端切削,第一刀切削时刀具嵌入材料可以设置相对较低的进给。在逼近、移刀时可以设置一个进给率,设置进给率的移动在加工操作时可以通过机床控制面板调整进给速度,有机会确认其位置是否正确。

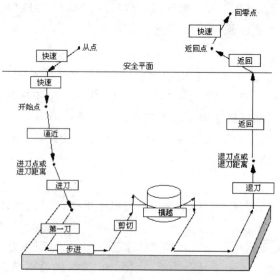

图 2-50 进给速度示意

任务实施：设置垫块加工的平面铣参数

（1）打开垫块模型文件 D:\anli\2-dk. prt，并进入加工环境。

（2）在工序导航器中的 PROGRAM 下，双击 PLANAR_MILL 打开"平面铣"操作对话框，上一次任务已经简单修改了几个参数，这里继续修改参数以便使刀路轨迹更加合理。

（3）在"平面铣"对话框中展开"刀轨设置"定义区，"切削模式"改为"跟随周边"，"平面直径百分比"修改为 90，如图 2-51 所示。

（4）"切削层"中"每刀深度"为 2mm。

（5）单击"切削参数"后面的图标 ，弹出"切削参数"对话框，在"策略"选项卡中，将"切削顺序"改为"深度优先"，"刀路方向"改为"向内"，单击"余量"选项卡，在"部件余量"和"最终底面余量"选项中输入 0.2mm，如图 2-52 所示，单击"确定"按钮。

图 2-51　"平面铣"对话框

图 2-52　"余量"选项卡

（6）单击"非切削移动"后面的图标，弹出"非切削移动"对话框，在"转移/快速"选项卡中，将"区域之间"中的"转移类型"改为"最小安全值 Z"，"安全距离"设为 5mm，"区域内"中的"转移类型"改为"毛坯平面"，"安全距离"设为 3mm，如图 2-53 所示，单击"确定"按钮。

（7）单击"进给率和速度"后面的图标，弹出"进给率和速度"对话框，如图 2-54 所示，定义"主轴速度"为 3 000、"进给率"中的"切削"为 1 500，单击"确定"按钮退出"进给率和速度"对话框。

图 2-53 "非切削移动"对话框

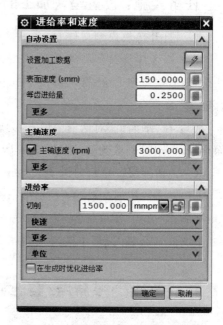

图 2-54 "进给率和速度"对话框

（8）然后单击生成刀轨图标 ，这样就生成了一个平面铣的粗加工的刀轨程序，如图 2-55 所示，刀路轨迹要优化于参数修改之前的刀路。

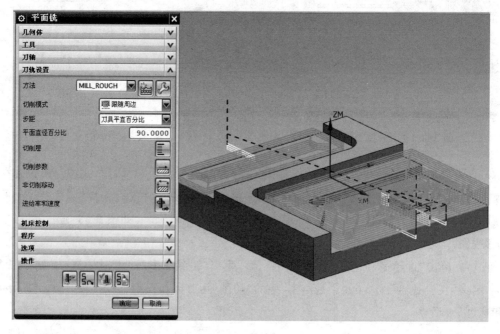

图 2-55 平面铣粗加工刀轨

（9）在 WORKPIECE 处右击，弹出菜单选择"刀轨"→"确认"命令或者直接单击图标，弹出"刀轨可视化"对话框，单击选择"2D 动态"后单击播放箭头 ▶ 即可开始模拟，单击"刀轨可视化"的"比较"按钮，三维图中灰色部分就是加工后留下的余量部分，其结果如图 2-56 所示，平面位置和侧面都没有加工到位，余量为设置的参数值 0.5。

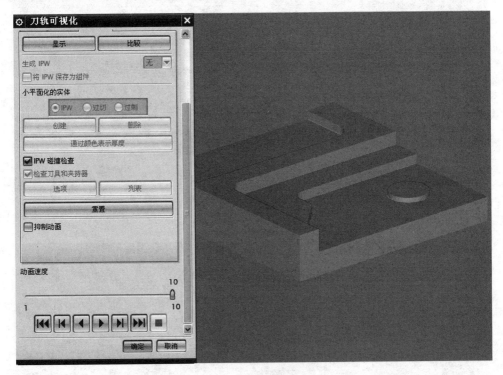

图 2-56　刀轨可视化仿真加工

（10）在程序顺序视图下，右击 PLANAR_MILL 选择"复制"命令，再次右击选择"粘贴"命令，程序顺序视图下多了一个 PLANAR_MILL_COPY，双击该操作，打开"平面铣"对话框，首先更换精加工需要的刀具，单击"刀具"展开定义区，单击黑色箭头选择 D10R0 的刀具，单击"刀轨设置"展开定义区，在"切削模式"中选择"轮廓加工"命令，将"切削参数"中"部件余量"改为 0，单击生成刀轨图标，生成刀轨如图 2-57 所示，实现侧壁的精加工。

（11）在程序顺序视图下，右击 PLANAR_MILL 选择"复制"命令，再次右击选择"粘贴"命令，程序顺序视图下多了一个 PLANAR_MILL_COPY_1，双击该操作，打开"平面铣"对话框，首先更换精加工需要的刀具，单击"刀具"展开定义区，单击黑色箭头选择 D10R0 的刀具，单击"刀轨设置"展开定义区，在"切削模式"中选择"跟随周边"命令，将"平面直径百分比"中改为 70，"切削层"类型改为"底面及临界深度"，"切削参数"中"底面余量"和"部件余量"改为 0，单击生成刀轨图标，生成刀轨如图 2-58 所示，实现底面的精加工。

（12）同时选择 PROGRAM 下的操作，PLANAR_MILL、PLANAR_MILL_COPY

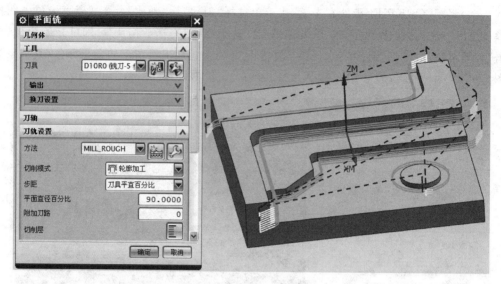

图 2-57　侧壁精加工

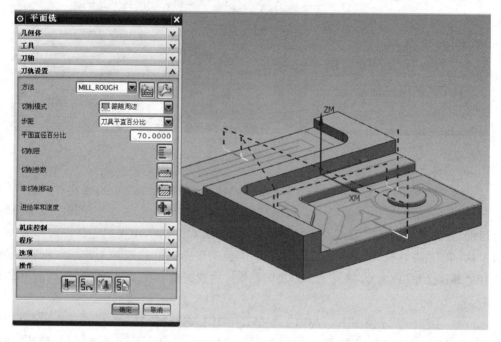

图 2-58　底面精加工

和 PLANAR_MILL_COPY_1,单击图标 ,弹出"刀轨可视化"对话框,单击选择"2D 动态"后单击播放箭头 ▶ 即可开始模拟加工,其结果如图 2-59 所示,单击"刀轨可视化"的"比较"按钮,发现平面位置和侧面都已经加工到位。

　(13) 选择操作程序,单击图标 ,或者右击程序,弹出对话框选择"后处理"命令,弹出"后处理"对话框,选择"后处理器"命令,指定 NC 程序保存目录,输出 G 代码程序。

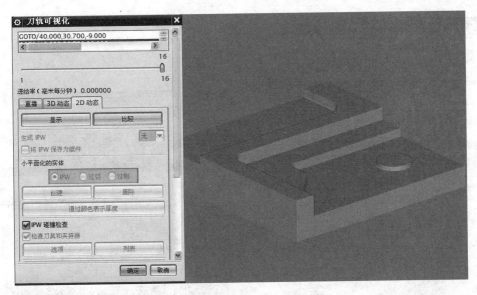

图 2-59 刀轨可视化仿真加工

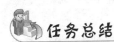 **任务总结**

通过本次任务的学习,对操作参数的设置会有一定的了解,能够独立设置 UG 大部分的参数,包括切削模式、切削步进和切削层、切削参数和非切削参数等。

任务 2.2 操作参考.mp4
(21.7MB)

拓展知识:平面铣二次粗加工

在平面铣中对于粗加工所留的残料,有两种方法来去除:一是参考刀具;二是2DIPW(过程中毛坯)。这里主要以实例来介绍参考刀具的用法。

(1) 打开垫块模型文件 D:\anli\2 dk.prt,并进入加工环境。

(2) 首先复制 PLANAR_MILL 操作,右击 PLANAR_MILL 这个操作,复制并粘贴在 PLANAR_MILL 之下名为 PLANAR_MILL_COPY 的操作下。

(3) 在 PLANAR_MILL_COPY 上双击修改编辑 PLANAR_MILL_COPY 的操作,刀具修改成 D10R0 的刀具,将"切削模式"修改为"跟随部件",单击"切削参数"后面的图标，弹出"切削参数"对话框,在"空间范围"选项卡中,将"处理中的工件"改为"使用参考刀具","参考刀具"改为 D16R0,"重叠距离"输入 5mm,如图 2-60 所示,单击"确定"按钮。

(4) 然后单击生成刀轨图标，这样就生成了平面铣二次粗加工的刀轨程序,如图 2-61 所示。

(5) 同时选择 PROGRAM 下的操作 PLANAR_MILL 和 PLANAR_MILL_COPY,单击图标弹出"刀轨可视化"对话框,单击选择"2D 动态"后单击播放箭头即可开始模拟加工,其结果如图 2-62 所示。

图 2-60　参考刀具设置

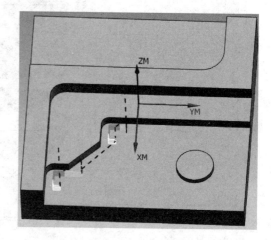

图 2-61　平面铣二次粗加工刀轨

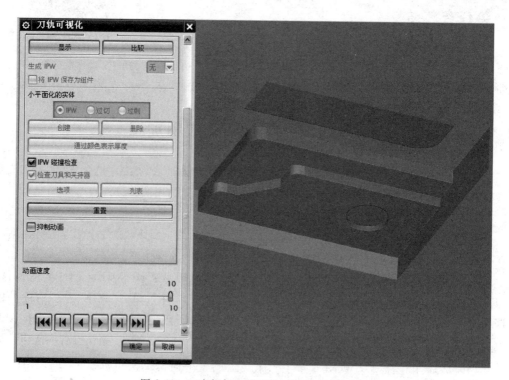

图 2-62　二次粗加工的刀轨可视化仿真加工

（6）选择操作程序，单击图标 ，或者右击操作程序，弹出对话框选择"后处理"命令，弹出"后处理"对话框，选择后处理器，指定 NC 程序保存目录，输出 G 代码程序。

实战训练：平面铣编程加工

打开平面铣模型文件 D:\anli\2-pmx.prt，如图 2-63 所示，操作编程的基本过程，包括创建程序、创建刀具、创建加工方法和创建几何体，练习定义坐标系、安全平面、零件几何体与毛坯几何体，创建平面铣操作、创建边界几何体、设置操作参数、生成刀轨、仿真模拟和生成 G 代码等。

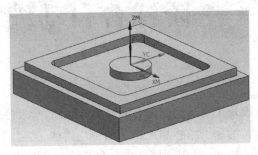

图 2-63 平面铣编程加工练习

面铣
——阶梯台自动编程加工

本模块主要讲述面铣操作的编程加工基本过程,其构建思路为首先介绍面铣的加工原理和面铣的四种几何体,然后讲解面铣的粗加工,面铣和平面铣粗加工的区别等内容,最后介绍面铣和平面精加工的区别。通过本模块的学习,使读者能够准确掌握面铣操作编程的一般过程,以及平面铣和面铣的区别与应用。

任务 3.1 创建面铣操作

 学习目标

本任务的主要目的是使学生掌握面铣的加工原理,创建面铣操作的四种几何体,最后能够正确创建面铣操作,准确设置相关参数。

 **任务描述**

创建阶梯台面铣操作,如图 3-1 所示阶梯台三维模型,指定部件、指定面边界、指定检查体和指定检查边界,设置面铣操作加工参数。

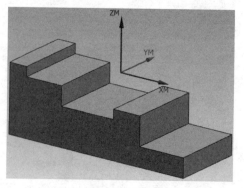

图 3-1 阶梯台三维模型

知识链接

3.1.1　面铣基本加工原理

模块2已经学习了平面铣,虽然在平面铣中可以用于精加工零件中的每一个平面,即通过选取所需面,将边界抬升到所需高度以及在零件平面中选择底面来创建边界几何体。如果要加工的平面位于不同的高度的一系列平面,则还需要执行一些操作才能够完成。在这里要学习一种更加简单的"面铣"操作方法。

面铣提供了从所选加工面的顶部去除余量的快速简单方法,这个余量是自面向顶而非自顶向下的方式进行指定的。在"面铣"操作对话框中,如图3-2所示,选择"指定面边界"命令,选择所有要加工的面,并指定要从各个面的顶部去除的"毛坯距离"值,同样如果不指定"每刀深度"值就会只实现单层切削的刀轨,如果指定值"每刀深度"就会实现多层切削刀轨,这就是面铣基本的加工原理。

"面铣"加工最适合于精加工实体上的平面,通过选取面,系统会自动计算不过切部件的剩余部分。在创建铣削区域时,系统将面所在的实体识别为部件几何体,如果将实体选为部件,则可以使用过切检查来避免过切此部件。这是区别于平面铣的一个特点,在平面铣中,边界定义不正确或者材料侧定义错误就会发生过切零件。而在面铣中对于每个所选面,系统都会跟踪整个部件几何体,识别要加工的区域并在不干涉部件的情况下切削这些区域。

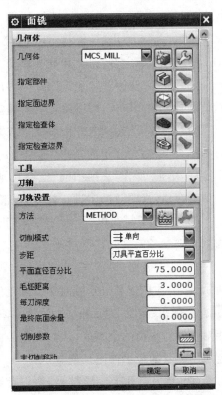

图3-2　"面铣"对话框

3.1.2　面铣的四种几何体

在"面铣"对话框中有四种几何体,"指定部件" ,"指定面边界" ,"指定检查体" 和"指定检查边界" 。

"指定检查体"和"指定检查边界"不是要必须定义的几何体,是在有需要的时候才用到的。"指定部件"和"指定面边界"则必须要定义。而其中的部件几何体与平面铣完全不一样,它是3D的三维实体模型而不是2D边界线,所以当以WORKPIECE为几何体父级组时,面铣就自然继承了WORKPIECE的几何信息,所以在"面铣"对话框中"指定部件"变为不可选择的灰色。

通过上面的概念介绍,应该知道对于面铣首先必须定义三维实体的部件,即"指定部件",其次要定义要加工的区域,即"指定面边界",只要满足这两个条件就会产生所选加工面的精加工刀轨。

任务实施：创建阶梯台面铣操作

(1) 选择"开始"→"程序"→Siemens NX 8.5→NX 8.5 命令启动软件。

(2) 选择"文件"→"新建"命令,弹出"新建"对话框,输入文件名 3-jtt. prt,指定文件保存的目录位置,单击"确定"按钮即可进入 UG 建模环境。选择"文件"→"导入"→STEP203 命令,弹出"导入自 STEP203 选项"对话框,单击 ◎ 按钮,选择文件 D:\anli\3-jtt. stp,单击"确定"按钮文件导入成功。

(3) 选择"开始"→"加工"命令,弹出"加工环境"对话框,"要创建的 CAM 设置"按照默认选择 mill_planar 模板后,单击"确定"按钮,进入加工环境。

(4) 选择下拉菜单"分析"→"检查几何体"命令,弹出"检查几何体"对话框,在"要执行的检查/要高亮显示的结果"选项中选择"全部设置"命令,选择"选择对象"命令,框选整个零件,单击"操作"选项中的"检查几何体"对模型进行检查,检查结果全部通过,如果有一项不合格,都要对模型进行处理,一般在建模环境中去完善修改模型。

(5) 选择下拉菜单"分析"→"NC 助理"命令,弹出"NC 助理"对话框,选择分析类型为"层","参考矢量"为"ZC↑轴",单击"选择面"图标,此时选择了整个工件,指定"参考平面"为零件上表面,单击"应用"按钮或单击"分析几何体"图标 ◙,工件模型变为如图 3-3 所示,图中凡是相对于分析前变了颜色的面全部都是平面。此工件中有 5 个平面,再单击 ◘ 就会弹出"信息"对话框,在此对话框中列出了所有颜色的平面信息而且还有这些平面相对于参考平面的距离值,从而确定最深平面 212(Deep Blue)的深度值为−25,由此来确定所用刀具的最小伸出长度。

(6) 首先打开工序导航器,图钉使之固定,选择下拉菜单"格式"→WCS→"原点"命令,弹出"点"对话框,按图设置,如图 3-4 所示,单击"确定"按钮就定义一个以零件上表面中心位置为原点的工作坐标系。

(7) 单击图标 ◙ 切换到几何视图,双击 MCS_MILL 弹出"MCS 铣削"对话框,单击CSYS ◙ 图标,切换到动态的 CSYS,在参考选项里切换为 WCS,单击"确定"按钮即可使加工坐标系与工作坐标系重合了。

(8) 在"MCS 铣削"机床坐标系对话框中单击"安全设置"展开定义区,在"安全设置选项"中单击黑色箭头展开列表选择"平面"选项,立即出现"指定平面"项,单击 ◙ 图标弹出"平面"对话框,选择"自动判断"选项,选择零件上表面并在距离中输入 30,按 Enter 键后,安全平面显示出来。单击"确定"按钮两次退出对话框。这样就定义一个与零件相关的安全平面,如图 3-5 所示。

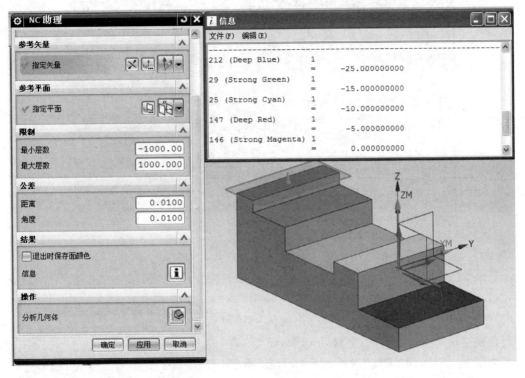

图 3-3　分析几何体

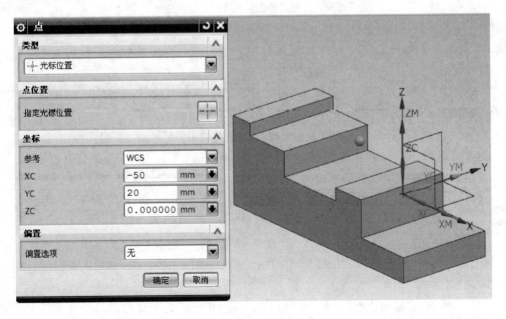

图 3-4　定义工作坐标系

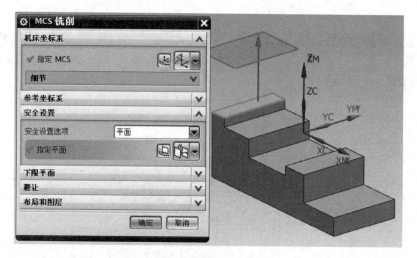

图 3-5　定义安全平面

（9）双击 WORKPIECE 或在 WORKPIECE 上右击，选择"编辑"命令，弹出"工件"对话框，在几何体组中分别定义部件和毛坯，单击"指定部件"后面的图标 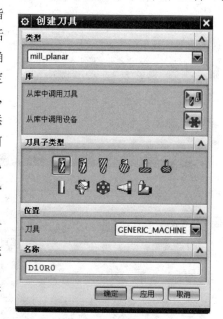，弹出"部件几何体"对话框，直接单击屏幕中的图形零件阶梯台，单击"确定"按钮后完成回到"工件"对话框。再单击"指定毛坯"后面的图标，弹出"毛坯几何体"对话框，类型下选择"包容块"命令后系统自动在零件上添加方块毛坯体，单击"确定"按钮后两次完成几何体的定义。分别单击 和 图标的手电筒，可分别查看刚刚定义的部件几何体和毛坯几何体。

（10）单击创建刀具图标，弹出"创建刀具"对话框，如图 3-6 所示，按图创建直径为 $\phi 10$ 的立铣刀，输入刀具名称 D10R0，单击"确定"按钮，弹出"铣刀-5 参数"对话框，按图参数设置，如图 3-7 所示，切换到刀具视图可以看到创建的刀具。

图 3-6　"创建刀具"对话框

（11）单击创建工序图标，弹出"创建工序"对话框，如图 3-8 所示，按图设置，选择"类型"为 mill_planar，单击工序子类型中的第 3 个图标面铣，将"程序"为 PROGRAM、"刀具"设为 D10R0、"几何体"设为 WORKPIECE、"方法"设为 MILL_FINISH，单击"确定"按钮进入"面铣"对话框，如图 3-9 所示。

（12）单击"指定面边界"后面的图标，弹出"指定面几何体"对话框，按默认的面模式不用设置任何的参数，直接选择工件中的所有需要加工的平面，如图 3-10 所示，单击"确定"按钮，返回"面铣"对话框。

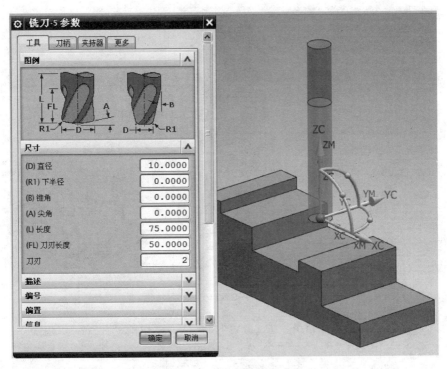

图 3-7 "铣刀-5 参数"对话框

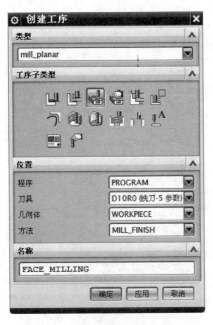

图 3-8 "创建工序"对话框

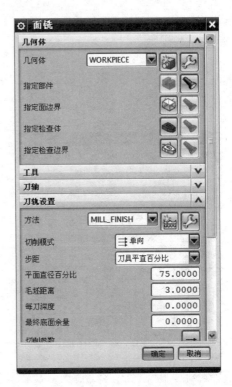

图 3-9 "面铣"对话框

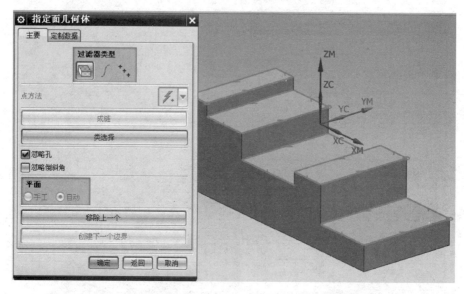

图 3-10　"指定面几何体"对话框

（13）在"面铣"对话框中展开"刀轨设置"定义区，将"切削模式"改为"跟随周边"，"平面直径百分比"修改为 70，如图 3-11 所示。

（14）在"面铣"对话框的"刀轨设置"展开区中，单击"切削参数"后面的图标，弹出"切削参数"对话框，如图 3-12 所示，在"策略"选项卡中，将"刀路方向"改为"向内"，单击"确定"按钮，返回"面铣"对话框。

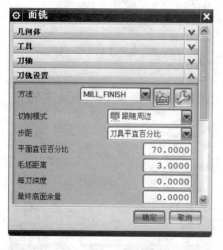

图 3-11　面铣参数

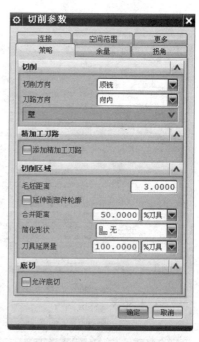

图 3-12　"切削参数"对话框

（15）单击"非切削移动"后面的图标，弹出"非切削移动"对话框，在"转移/快速"选项卡中，将"区域之间"中的"转移类型"改为"毛坯平面"，"安全距离"设为3mm，如图3-13所示，单击"确定"按钮，返回"面铣"对话框。

（16）单击"进给率和速度"后面的图标，弹出"进给率和速度"对话框，如图3-14所示，定义"主轴速度"为3 000、进给率切削1 500，单击"确定"按钮退出"进给率和速度"对话框。

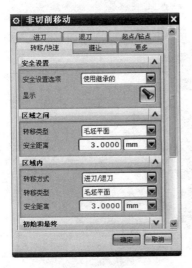

图3-13　非切削移动参数

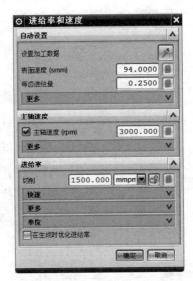

图3-14　"进给率和速度"对话框

（17）然后单击生成刀轨图标，这样就生成了一个面铣的精加工的刀路轨迹，如图3-15所示，单击"确定"按钮退出"面铣"操作对话框。

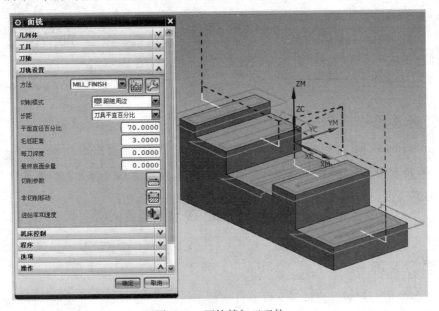

图3-15　面铣精加工刀轨

(18)在程序顺序视图下,右击 FACE_MILLING 选择"复制"命令,再次右击选择"粘贴"命令,程序顺序视图下多了一个 FACE_MILLING_COPY,双击该操作,打开"面铣"对话框,选择"刀轨设置"命令展开定区,在"切削模式"中选择"轮廓加工"命令,将"毛坯距离"改为 25mm,"每刀深度"改为 1mm,单击生成刀轨图标,生成刀轨如图 3-16 所示,实现侧壁的精加工。

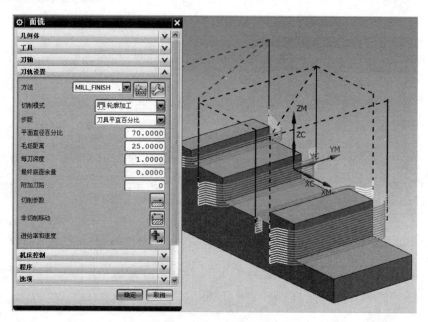

图 3-16　侧壁的轮廓精加工

通过此任务实施可以发现,面铣操作要比平面铣简单多了,这里不需要定义底平面、毛坯、部件边界等,更不用考虑边界平面、材料侧的问题。面铣可以快速创建零件平面的精加工,同样也快速地实现了零件的侧壁轮廓精加工,相对于平面铣更加方便和高效。

任务 3.1 操作参考.mp4
(30.0MB)

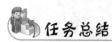任务总结

通过本任务的学习,将掌握面铣的加工原理,从而能够正确创建面铣操作,能够准确指定部件、指定面边界、指定检查体和指定检查边界,最后能够准确设置相关参数。

任务 3.2　面铣粗加工

学习目标

本任务的主要目的是使读者掌握面铣粗加工的原理,面铣和平面铣的区别,最后能够正确创建面铣粗加工操作,准确设置相关参数。

任务描述

　　创建阶梯台面铣粗加工操作,如图 3-17 所示阶梯台三维模型,指定部件、指定面边界、指定检查体和指定检查边界,设置面铣粗加工操作参数。

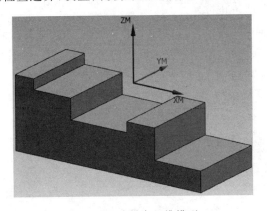

图 3-17　阶梯台三维模型

知识链接

3.2.1　面铣的粗加工

　　"面铣"是能够进行粗加工的,面铣提供了从所选加工面顶部去除余量的快速简单方法,这个余量是自面向顶而非自顶向下的方式进行指定的。在"面铣"对话框中,如图 3-18 所示,指定要从各个面的顶部去除的"毛坯距离"值,同样如果不指定"每刀深度"值就会只实现单层切削的刀轨,如果指定值"每刀深度"就会实现多层切削刀轨,这就实现了面铣的粗加工。

　　打开"平面铣"对话框、"型腔铣"对话框和"固定轴曲面轮廓铣"对话框,刀轴默认的是"+ZM 轴",这是三轴固定铣的主要特点。而打开"面铣"对话框,展开"刀轴"定义区,刀轴默认的是"垂直于第一个面",如图 3-18 所示。

　　为什么"面铣"操作默认的刀轴方向是"垂直于第一个面"而不是"+ZM 轴"呢?"面铣"操作就是用于加工平面的,加工垂直于刀轴的平面,这是面铣的特性和优势所在。"垂直于第一个面"还有一个主要功能是应用于可变轴轮廓加工,在后面的章节中再介绍。

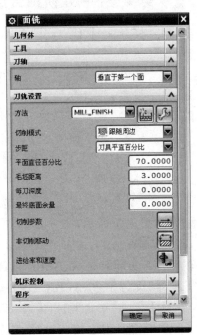

图 3-18　"面铣"对话框

3.2.2 面铣和平面铣粗加工的区别

面铣是平面铣的特例,可直接选择表面来指定要加工的表面几何,也可通过选择存在曲线、边缘或制定一系列有序点来定义表面几何。面铣基于平面的边界,在选择了工件几何体的情况下,可以自动防止过切。

常用于多个平面底面的精加工,也可用于平面底面粗加工和侧壁的精加工。所加工的工件侧壁可以是不垂直的,如复杂型芯和型腔上的多个平面的精加工。

"面铣"和"平面铣"的区别如下。

(1) 切削深度定义的不同,平面铣是通过边界和底面的高度差来定义的,面铣是参照定义平面的相对深度,只要设定相对值即可。

(2) 毛坯体和检查体选择的不同,平面铣选择只能是边界,面铣选择可以是边界、实体和片体。

(3) 底面的定义不同,平面铣必须要定义底面,而面铣不用定义底面,因为选择的平面就是底面。

"面铣"和"平面铣"都能够生成工件的粗加工,那么两者有什么区别呢?其实面铣粗加工存在的缺陷是加工不到位,所以为了达到准确的加工目的,必须在每一个平面位置、在粗加工之后附加一个精加工的刀路才行。所以说"面铣"具有两重性,既有高效简单的特性又有加工不到位的特性。当然这个加工不到位只存在于粗加工中,而对于平面的精加工,面铣的确是不二之选。

任务实施:创建阶梯台面铣粗加工操作

(1) 打开文件 D:\anli\3-jtt.prt,进入加工环境。

(2) 定义一个以零件上表面中心位置为原点的工作坐标系,并且使加工坐标系与工作坐标系重合。

(3) 定义安全平面为零件表面上方 30mm。

(4) 定义"部件几何体"和"毛坯几何体"。

(5) 创建刀具 D10R0。

(6) 单击创建工序图标 ,弹出"创建工序"对话框,如图 3-19 所示,按图设置,选择"类型"为 mill_planar,选择工序子类型中的第 3 个图标 面铣,将"程序"设为 PROGRAM、"刀具"设为 D10R0、"几何体"设为 WORKPIECE、"方法"设为 MILL_ROUGH,单击"确定"按钮进入"面铣"对话框。

(7) 单击"指定面边界"后面的图标 ,弹出"指定面几何体"对话框,按默认的面模式不用设置

图 3-19 "创建工序"对话框

任何的参数,直接选择工件的底平面,如图 3-20 所示,单击"确定"按钮,返回"面铣"对话框,单击"刀轴"选项,将刀轴改为"+ZM 轴"。

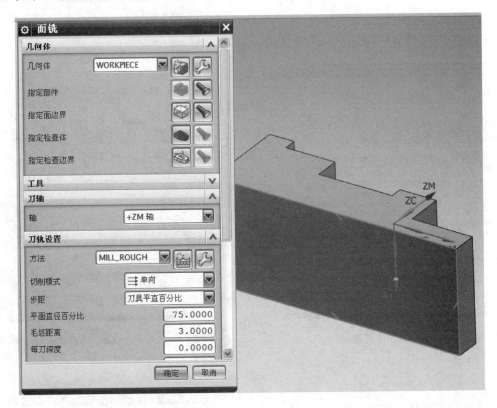

图 3-20　"面铣"对话框

(8) 在"面铣"对话框中展开"刀轨设置"定义区,将"切削模式"改为"跟随周边","毛坯距离"改为 35mm,"每刀深度"改为 2mm,如图 3-21 所示。

(9) 在"面铣"对话框的"刀轨设置"展开区中,单击"切削参数"后面的图标📇,弹出"切削参数"对话框,如图 3-22 所示,在"策略"选项卡中,将"刀路方向"改为"向内",单击"确定"按钮,返回"面铣"对话框。

(10) 单击"非切削移动"后面的图标📷,弹出"非切削移动"对话框,在"转移/快速"选项卡中,将"区域之间"中的"转移类型"改为"毛坯平面","安全距离"设为 3,如图 3-23 所示,单击"确定"按钮,返回"面铣"对话框。

(11) 单击"进给率和速度"后面的图标🎛,弹出"进给率和速度"对话框,如图 3-24 所示,定义"主轴速度"为 3 000、进给率切削为 1 200,单击"确定"按钮退出"进给率和速度"对话框。

(12) 然后单击生成刀轨图标📍,这样就生成了一个面铣的粗加工的刀路轨迹,如图 3-25 所示,单击"确定"按钮退出"面铣"操作对话框。

图 3-21　面铣参数

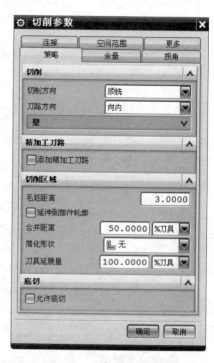

图 3-22　"切削参数"对话框

图 3-23　"非切削移动"对话框

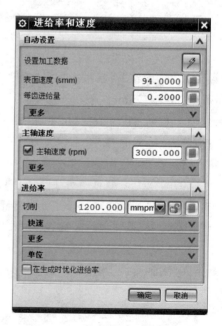

图 3-24　"进给率和速度"对话框

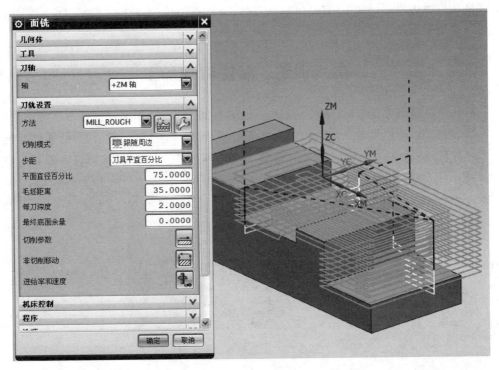

图 3-25 面铣粗加工刀轨

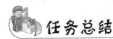 任务总结

通过本任务的学习,了解面铣和平面铣的区别,掌握面铣粗加工的原理,从而能够正确创建面铣粗加工操作,能够准确指定部件、指定面边界、指定检查体和指定检查边界,最后能够准确设置相关参数。

任务 3.2 操作参考.mp4
(11.8MB)

拓展知识:面铣和平面铣精加工的区别

(1)"面铣"能够完成零件的内轮廓精加工,但无法完成零件的外轮廓的精加工,根据前述的面铣加工原理,只能选择加工面并指定其要去除的材料量,面铣只能去除加工面之上的毛坯材料,而不能去除加工面周围的材料,因为没有办法来定义其周围的材料,换句话说只能加工零件内部的而非加工零件的外轮廓。

(2)"平面铣"既能加工零件的外轮廓,也能加工零件的内轮廓。

(3)"面铣"在精加工平面时,面铣的刀具位置在轮廓线处会出现过切,但面铣是安全的,它发生的过切是正常的,是在所设定的公差范围内的正常过切。面铣是以加工干净材料为目的,所以对于一般的加工,面铣就足够了。

(4)"平面铣"在精加工平面时,刀具位置正好与所选边界的轮廓线相切。平面铣就是严格地按照边界进行加工,它是以控制刀具运动为目的。如果加工的精度要求特别高,就可以采用平面铣进行加工。

实战训练:面铣编程加工

打开面铣模型文件 D:\anli\3-mx.prt,如图 3-26 所示,操作编程的基本过程,包括创建程序、创建刀具、创建加工方法和创建几何体,练习定义坐标系、安全平面、零件几何体与毛坯几何体,创建面铣操作、指定面边界、设置操作参数、生成刀轨、仿真模拟和生成 G 代码等。

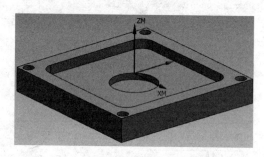

图 3-26　面铣编程加工练习

型腔铣——连杆自动编程加工

本模块主要讲述型腔铣操作的编程加工基本过程,其构建思路为首先介绍型腔铣的加工原理和型腔铣的五种几何体,其次讲解编程参数的设置,包括切削模式、切削步进、切削层、切削参数、非切削参数和进给率速度等内容。通过本模块的学习,使读者能够准确掌握型腔铣操作编程的一般过程,为后续学习奠定基础。

任务 4.1 创建粗加工的型腔铣工序

 学习目标

本任务的主要目的是使读者掌握型腔铣的特点与应用,了解型腔铣的常用切削模式、切削步进的设置方法、几何体类型及其选择方法,最后能够正确创建型腔铣操作。

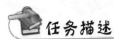 **任务描述**

创建型腔铣操作,如图 4-1 所示为连杆的三维模型,这个零件为典型的机加零件,零件侧面有拔模斜度,都是比较陡峭的侧壁。零件材料为45 钢,毛坯为锻件,由于零件的加工余量很大,因而在加工时首先要进行粗加工。本次粗加工使用的加工类型为型腔铣。

图 4-1 连杆的三维模型

知识链接

4.1.1　型腔铣的加工原理及应用

型腔铣(Cavity Mill)可以加工包含曲面的任何形状的零件,型腔铣的切削刀轨是在垂直于刀具轴的平面内的二轴刀轨,通过多层二轴刀轨对零件逐层进行加工。系统按照零件在不同深度的截面形状计算各层的刀轨,如图4-2所示。

型腔铣刀具的侧面刀刃也可以实现对垂直面的切削,底面的刀刃切削工件底面的材料。

为了生成型腔铣刀轨,必须指定部件几何和毛坯几何,这样系统才能知道刀轨应当在什么范围生成;通过定义刀具以及其他参数,系统才能知道怎样生成刀轨。

型腔铣工序可以选择不同的切削模式,包括平行切削与环绕切削的粗加工,以及轮廓铣削的精加工。

型腔铣的应用非常广泛,主要有用于大部分零件的粗加工,包括各种形状复杂的零件的粗加工;设置为轮廓铣削,可以完成直壁或者斜度不大的侧壁的精加工;通过限定高度值做单层加工,可用于平面的精加工;通过限定切削范围,可以进行角落的清角加工,如图4-3所示。

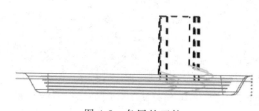

图4-2　各层的刀轨

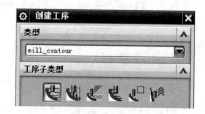

图4-3　工序子类型

4.1.2　型腔铣工序的几何体

型腔铣的加工区域是由曲面或者实体几何来定义的。如果选择的几何体组中没有指定部件几何体、毛坯几何体等,在创建工序时可以直接指定几何体。

图4-4所示为型腔铣的几何体选项。它包括几何体、指定部件、指定毛坯、指定检查、指定切削区域和指定修剪边界五种类型。

1. 几何体

选择此工序将继承的几何体定义的位置,几何体的选择将确定当前工序在工序导航器——几何视图中所处的位置。

对几何体父节点组,可以从下拉选项中选择一个已经创建的几何体,选择的几何体包含其创建时所设定的坐标系位置、安全选项设置、部件几何体、毛坯几何体、检查几何体等。

单击按钮 ，新建一个几何体,图4-5所示为"部件几何体"对话框,新建的几何体可以被其他工序引用。

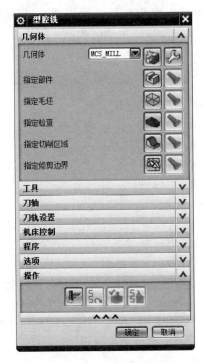

图 4-4　型腔铣的几何体　　　　　　　　图 4-5　部件几何体

单击按钮 🔧，编辑当前选择的几何体，允许编辑各个选项参数，并可以向几何体组添加或移除几何体。完成编辑时，系统在应用前将请求确认。

2. 部件几何体

在型腔铣加工操作中，所指定部件乃是最终要加工出来的形状，而这里定义的部件本身就是一个保护体，在加工中刀具路径是不会到部件几何体的，否则就是过切。在创建型腔铣操作中，此操作已继承了几何 WORKPIECE 的父级组关系，因此在型腔铣里不需要再指定部件。

3. 毛坯几何体

在型腔铣加工操作中，指定毛坯是作为要切削的材料，而这里指定毛坯几何本身就是被切削的材料，实际上就是部件几何与毛坯几何的布尔运算，公共部件被保留，求差多出来的部分是切削范围。

4. 检查几何

检查几何是用来定义不想触碰的几何体，就是避开不想加工到的位置。例如：夹住部件的夹具，就是不能加工的部分，就需要用检查几何体来定义，移除夹具的重叠区域将不被切削。指定检查余量值（"切削参数"对话框的"余量"选项卡）以控制刀具与检查几何体的距离。

5. 切削区域几何体

指定零件几何体被加工的区域，可以是部件几何体的一部分。切削区域几何体只能选择部件几何体中的"面"选项。不指定切削区域时将对整个零件进行加工,而指定切削区域则只在切削区域上方生成刀轨。需要局部加工时,可以指定切削区域几何体。

6. 修剪边界几何体

指定修剪边界几何体是用一个边界对生成的刀轨做进一步的修剪。修剪边界几何体可以限定生成刀轨的切削区域,如指定局部加工或者角落加工。

4.1.3　型腔铣工序的刀轨设置

刀轨设置是型腔铣工序参数中最重要的一栏,打开"刀轨设置"选项组,包括常用选项设置,如切削模式、步距等,可以直接进行设置。另外,"刀轨设置"选项组还有切削层等下级对话框的成组参数,如图 4-6 所示。

切削层主要是用来控制所加工模型的深度;在型腔铣操作里,只有定义了"部件几何体"的时候,切削层才会启用,否则此选项将不起作用,用灰色状态显示。在"型腔铣"对话框里选择"刀轨设置"→"切削层"命令,单击"切削层"图标并弹出"切削层"对话框,如图 4-7 所示,并且在模型里也显示出切削层。切削层利用等高线进行分层,而等高线平面确定了刀具在移除材料时的切削深度。切削工序在一个恒定的深度完成后才会移至下一深度。使用"切削层"选项可以将一个零件划分为若干个范围,在每个范围内使用相同的每刀的公共深度,而各个范围则可以采用相同的或不同的每刀的公共深度。

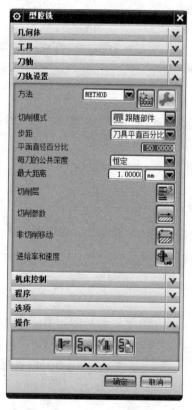

图 4-6　"刀轨设置"选项组

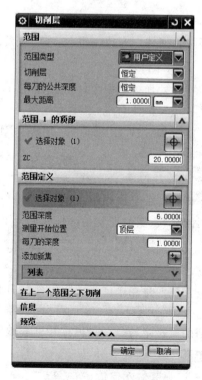

图 4-7　"切削层"对话框

1. 范围

1）范围类型

（1）自动生成。

将范围设置为与任何水平平面对齐。只要没有添加或修改局部范围，切削层将保持与部件的关联性。软件将检测部件上的新的水平表面，并添加临界层与之匹配。

（2）用户定义。

对范围进行手工分割，可以对范围进行编辑和修改，并对每一范围的切削深度进行重新设定。

（3）单个。

整个区域只作为一个范围进行切削层的分布。

通常用自动生成方式，若在下方做任意修改，则自动切换到"用户定义"选项。

2）切削层

该项用于指定切削层的指定方式，可以选择多层切削或者只在底部切削。选择"恒定"选项，将切削深度保持在全局每刀深度值。若选择"仅在底部范围切削"选项，则只生成每一个切削范围的底部切削层。

3）每刀的公共深度

每刀的公共深度有两种设置方法。一种是"恒定"，设置加工中沿刀轴矢量方向的切削深度最大距离。另一种是"残余高度"，即通过设置残余高度值来确定切削深度值。

该选项与"型腔铣"对话框中的"每刀的公共深度"是同一选项，以在后面设置的为准。每刀的公共深度设置较大值可以有相对较高的切削效率，但必须考虑刀具的承受力。同时采用较大的切削深度时，切削速度应设置较小值。切削深度的值也可以在切削层中进行设置。

2. 范围1的顶部

范围1的顶部用于指定切削层的最高处。以直接设置 ZC 值，也可以在图形上选择一个点来确定切削层的顶部。默认情况下，以部件或者毛坯的最高点作为范围1的顶部。需要局部加工时，可以直接指定一个位置作为范围1的顶部。

3. 范围定义

范围定义用于指定当前范围的大小。范围大小的编辑可以通过在图形上选择对象的底部，也可以直接指定范围深度。以选择的对象所在位置为当前范围。另外，也可以通过指定"范围深度"值的方式直接指定。指定范围深度有4个测量开始位置，分别是顶层、顶部范围、底部范围和工作坐标系原点。设定的范围深度是与指定的测量开始位置相对的值。当前的范围定义是针对列表中选定的范围。

4. 每刀的深度

每刀的深度用于指定当前范围的每层切削深度。通过为不同范围指定不同的每刀切削深度，在不同倾斜程度的表面上都可以取得较好的表面质量。

5. 列表

在列表中可以选择范围进行编辑，或者插入、删除一个范围。单击"添加新集"按钮，将在当前范围下插入一个新的范围。在列表中选择的范围将在上方显示其参数,可以对其进行编辑。单击"删除"按钮,可以删除一个范围。在零件深度较大时,如果由于刀具限制,只能加工部分深度,则可以限定一个高度。

6. 在上一个范围之下切削

在指定范围之下再切削一段距离。

任务实施:创建连杆粗加工工序

(1) 启动 UG NX 8.5 软件,打开文件 D:\anli\4-liangan. stp,进入加工环境。

(2) 在工具条上单击"开始"按钮,在下拉选项中选择"加工"选项,CAM 设置为 mill-contour,单击"确定"按钮,进行加工环境的初始化设置。

(3) 创建刀具 D12R2,单击创建工具条上的"创建刀具"按钮,弹出"创建刀具"对话框,选择类型为立铣刀,名称为 D12R2,单击"应用"按钮,打开"铣刀-5 参数"对话框,设置刀具直径为 12,下半径为 2,刀具号为 1,单击"确定"按钮,创建铣刀 D12R2。

创建刀具 D10R5,单击创建工具条上的"创建刀具"按钮,弹出"创建刀具"对话框,选择类型为球刀,名称为 D10R5,单击"应用"按钮,打开"铣刀-5 参数"对话框,设置刀具直径为 10,刀具号为 2,单击"确定"按钮,创建铣刀 D10R5。

(4) 创建型腔铣工序,单击创建工具条上的"创建工序"按钮,在"创建工序"对话框中选择工序子类型为型腔铣,选择刀具为 D12R2,几何体为 WORKPIECE,方法为 MILL-ROUGH 等各个组选项,如图 4-8 所示。

(5) 新建几何体,单击几何体的新建图标 ,几何体子类型选择 MCS,机床坐标系选项组下指定 MCS"CSYS"动态 Z 向移动 35,在 MCS 对话框的"安全设置"选项卡下,指定安全设置选项为"自动平面",安全距离值为 50,如图 4-9 所示。单击"确定"按钮,完成几何体 MCS 创建。

图 4-8 "创建工序"对话框

(6) 创建几何体,单击几何体的新建图标 ,几何体子类型选择 WORKPIECE,单击"确定"按钮,打开"工件"对话框,如图 4-10 所示。在对话框上方单击"指定部件"按钮,选择实体为部件几何体。单击"指定毛坯"按钮,系统弹出"毛坯几何体"对话框,如图 4-11(a)所示,指定类型为"包容块",毛坯预览,如图 4-11(b)所示。

图 4-9 MCS 对话框

图 4-10 "工件"对话框

(a)"毛坯几何体"对话框

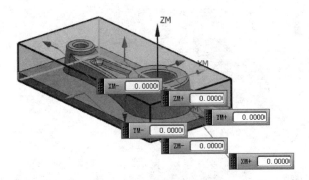

(b)"包容块"指定毛坯

图 4-11 毛坯几何体

（7）指定修剪几何体，在"型腔铣"对话框上单击指定"修剪边界"按钮，打开"修剪边界"对话框，默认的过滤器类型为（面），选择"忽略岛"复选框，指定修剪侧为"外部"，如图 4-12 所示。

拾取图形的水平面，则平面的外边缘将成为修剪边界几何体，如图 4-13 所示。单击"确定"按钮，完成修剪边界指定，返回"型腔铣"对话框。

（8）刀轨设置，在"型腔铣"对话框中展开"刀轨设置"选项组，选择切削模式为"跟随部件"，设置步距为"刀具平直百分比"，平面直径百分比为 75，每刀的公共深度为"恒定"，最大距离为 1，如图 4-14 所示。

（9）在"型腔铣"对话框中，单击"切削参数"按钮进入切削参数设置。首先打开"策略"选项卡，设置参数如图 4-15 所示，切削顺序为"深度优先"，壁清理设置为"无"。

（10）设置余量参数，单击"切削参数"对话框顶部的"余量"选项卡，如图 4-16 所示，设置余量与公差参数。设置部件侧面余量与部件底面余量为不同值，分别为 0.6、0.3，粗加工时内、外公差值均为 0.03。

图 4-12 "修剪边界"对话框

图 4-13 指定修剪边界

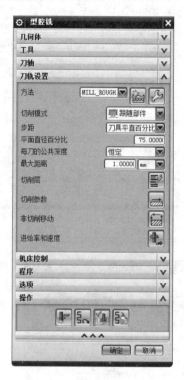

图 4-14 "型腔铣"对话框

（11）设置拐角参数，单击"切削参数"对话框顶部的"拐角"选项卡，如图 4-17 所示，设置各参数。设置拐角处的刀轨形状，光顺为"所有刀路"。完成设置后单击"确定"按钮完成切削参数的设置，返回"型腔铣"对话框。

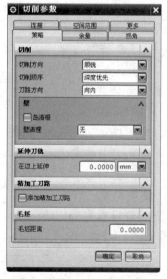

图 4-15 "策略"选项卡

图 4-16 "余量"选项卡

图 4-17 "拐角"选项卡

　　（12）单击"非切削移动"按钮，弹出"非切削移动"对话框，首先显示"进刀"选项卡，如图 4-18 所示，设置进刀参数。在封闭区域采用"插削"方式下刀，高度为 3。在开放区域使用进刀类型为"线性"，长度为 50％的刀具直径。

　　（13）单击"退刀"选项卡，如图 4-19 所示，设置退刀参数。设置退刀类型为"无"，直接退刀。

图 4-18　"进刀"选项卡

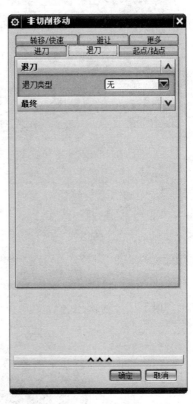

图 4-19　"退刀"选项卡

　　（14）单击"转移/快速"选项卡，设置安全设置选项为"自动平面"，安全距离为 50；区域之间的转移类型为"安全距离-刀轴"，区域内的转移方式为"进刀/退刀"，转移类型为"安全距离-刀轴"，如图 4-20 所示。单击鼠标中键返回"型腔铣"对话框。

　　（15）设置进给率和速度，单击"进给率和速度"按钮，弹出"进给率和速度"对话框，设置主轴速度为 3 000，切削进给率为 1 500，如图 4-21 所示。单击鼠标中键返回"型腔铣"对话框。

　　（16）生成刀轨，在"型腔铣"对话框中单击"生成"按钮，计算生成刀轨。计算完成的刀轨如图 4-22 所示。

　　（17）确定工序，对刀轨进行检验，可以通过不同视角进行重播，也可以进行可视化刀轨确认，确认刀轨后单击"型腔铣"对话框底部的"确定"按钮，接受刀轨并关闭对话框。

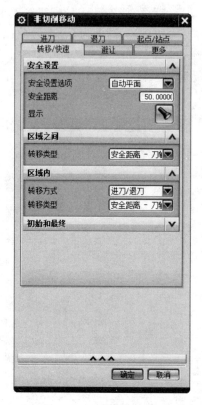

图 4-20 "转移/快速"选项卡

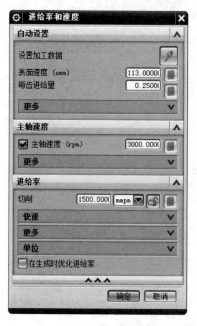

图 4-21 "进给率和速度"对话框

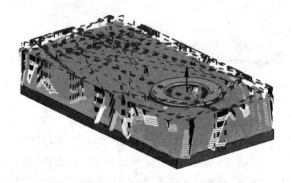

图 4-22 型腔铣粗加工刀轨

任务总结

使用型腔铣工序进行粗加工编程是最常用的一种方式，在完成本任务的粗加工工序创建时，应当注意以下几点。

（1）在创建粗加工工序时，选择的加工方式为"MILL-ROUGH"（粗铣），该方式指定了切削余量为 1。

（2）在选择的几何体父组中如果包含部件和毛坯，则在创建工序时将不能再指定部

任务 4.1 操作参考.mp4
（57.8MB）

件和毛坯。

（3）创建工序时，指定修剪边界可以将刀轨限制在毛坯范围之内，不生成多余的刀轨。指定修剪边界时，一定要注意修剪侧为"外部"。

（4）创建工序时，必须要指定步距与每刀的公共深度。

任务 4.2　创建精加工的型腔铣工序

本任务的主要目的是使读者掌握切削层的设置方法。理解表面速度、每齿进给量与主轴转速、切削进给的关系。能够正确设置型腔铣工序参数，创建侧面精加工工序。

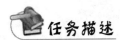

加工时，一般是先粗加工后再进行精加工。对于本模块中的零件，侧面与底面应该分开加工。零件的侧面主体部分为峭壁，因而适合采用等高加工的方法来进行精加工。在精加工时，为保证加工精度，对不同陡峭的部件使用不同的切削深度值。同时为了获得更好的切削路径，应该对切削参数、非切削移动、进给率和速度参数进行合理的设置。底面的精加工则只需要在底面进行单层的加工即可完成。

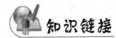

4.2.1　切削参数

切削参数用于设置刀具在切削工件时的处理方式。它是每种工序共有的选项，但某些选项随着工序类型的不同和切削模式或驱动方式的不同而变化。

在"型腔铣"对话框中单击"切削参数"按钮进入"切削参数"对话框。切削参数有 6 个选项卡，分别是"策略""余量""拐角""连接""空间范围"和"更多"。选项卡可以通过顶部标签进行切换。

1. 切削顺序

切削顺序用于指定含有多个区域和多层的刀轨的切削的顺序。切削顺序有深度优先和层优先两个选项。

（1）深度优先：在切削过程中按区域进行加工，加工完成一个切削区域后再转移到下一切削区域，如图 4-23 所示。

（2）层优先：指刀具先在一个深度上铣削所有的外形边界，再进行下一个深度的铣削，在切削过程中刀具在各个切削区域间不断转换。图 4-24 所示切削顺序为层优先的示意图。

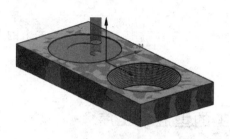

图 4-23　深度优先

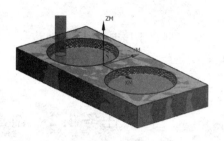

图 4-24　层优先

一般加工优先选用深度优先方式以减少抬刀次数。对外形一致性要求高或者薄壁零件的精加工中应该选择层优先方式。

2. 精加工刀路

指定刀具完成主要切削刀具路径后再沿轮廓周边进行切削的精加工刀轨,可以设置加工刀路数与步距。图 4-25 所示为设置"精加工刀路"数为 1 的刀轨示例。"精加工刀路"与"清壁"有所差别,"清壁"只做单行的加工,并且其加工的余量是部件余量值,可以为 0;而"精加工刀路"可以指定刀路数与步距,图 4-26 所示为未加精加工刀路。

选择"添加精加工刀路"选项,并输入"刀路数"与"精加工步距"值,以便在边界和所有岛的周围创建单个或多个刀具路径。

在粗加工工序中直接进行精加工,为保证加工周边余量一致,可以打开"添加精加工刀路"选项,设置"刀路数"并按指定的步距(切削余量)进行加工。

3. 毛坯距离

对部件边界或部件几何体应用偏置距离以生成毛坯几何体。

不选择毛坯几何体,通过设置毛坯距离,来生成毛坯距离范围内的刀轨,而不是整个轮廓所设定的区域,"毛坯距离"设为 3,如图 4-27 所示。

图 4-25　精加工刀路

图 4-26　未加精加工刀路

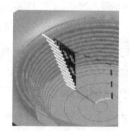
图 4-27　毛坯距离为 3

4.2.2　非切削移动

"非切削移动"对话框中的参数设置可指定切削加工以外的移动方式,在切削运动之前、之后和之间定位刀具,如进刀与退刀、区域间连接方式、切削区域起始位置、避让、刀具补偿等选项。非切削移动参数控制如何将多个刀轨段连接为一个工序中相连的完整刀轨。

任务实施：创建连杆精加工的型腔铣工序

1. 创建连杆侧面精加工的型腔铣工序

1）创建型腔铣工序

单击"创建"工具条上的"创建工序"按钮，在"创建工序"对话框中选择子类型为"型腔铣"，选择刀具为 D10R5，几何体为 WORKPIECE，方法为 MILL-FINISH，等各个组选项，如图 4-28 所示。确认选项后单击"确定"按钮进行型腔铣工序的创建。

2）刀轨设置

在"型腔铣"对话框的刀轨设置中选择切削模式为"轮廓加工"，如图 4-29 所示。

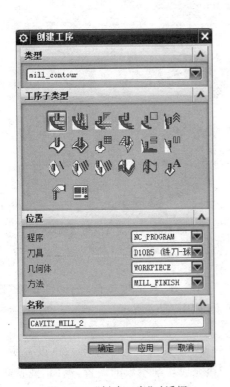

图 4-28 "创建工序"对话框

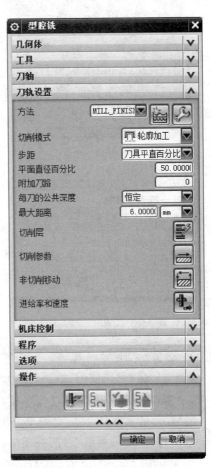

图 4-29 "轮廓加工"模式

3）设置切削层

在"刀轨设置"中单击"切削层"按钮，系统打开"切削层"对话框，范围类型为"用户定义"；范围 1 的顶部选择模型的最高表面；范围定义"选择对象"选择底板上表面，如图 4-30 所示。在图形上显示的切削范围与切削层如图 4-31 所示。单击"确定"按钮返回"型腔铣"对话框。

图 4-30 "切削层"对话框

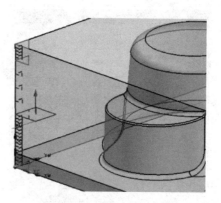

图 4-31 切削范围与切削层

4）设置切削策略参数

在"型腔铣"对话框中，单击"确定"按钮进入"切削参数"对话框。首先打开"策略"选项卡，设置切削顺序为"深度优先"，按区域进行加工，如图 4-32 所示。

5）置余量参数

单击打开"切削参数"对话框顶部的"余量"选项卡，设置余量与公差参数。设置所有余量均为 0，内、外公差值为 0.004。单击"确定"按钮完成切削参数的设置，返回"型腔铣"对话框。

6）设置进刀选项

在"型腔铣"对话框中单击"非切削移动"后的按钮，打开"非切削移动"对话框，首先显示"进刀"选项卡，如图 4-33 所示，设置进刀参数，封闭区域的进刀类型为"与开放区域相同"，开放区域的进刀类型为"圆弧"，半径为 4，高度与最小安全距离均为 0。

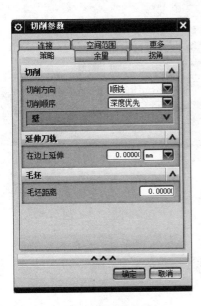

图 4-32 "策略"选项卡   图 4-33 "进刀"选项卡

7）设置退刀参数

在"退刀"选项卡中,设置退刀类型为"与进刀相同"。

8）设置起点/钻点参数

在"起点/钻点"选项卡中,设置重叠距离为2。

9）转移/快速参数

在"转移/快速"选项卡中,设置安全设置选项为"自动平面",指定区域之间的转移类型为"安全距离 刀轴",区域内的转移类型为"直接",如图 4-34 所示。单击鼠标中键返回"型腔铣"对话框。

10）设置进给率和速度

单击"进给率和速度"后按钮,则弹出"进给率和速度"对话框,设置表面速度为110,每齿进给量为0.02,单击"计算"按钮进行计算,得到主轴转速与切削进给量,如图 4-35 所示。

将切削进给率取整,设置为 1 400,单击进给率下的"更多"命令,设置进刀为 50 的切削百分比。单击鼠标中键返回"型腔铣"对话框。

11）生成刀轨

在"型腔铣"对话框中单击"生成"按钮,计算生成刀轨。计算完成的刀轨如图 4-36 所示。

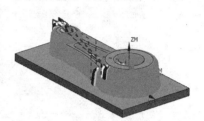

图 4-34 "转移/快速"选项卡　　图 4-35 "进给率和速度"对话框　　图 4-36 计算完成的刀轨

12）检验刀轨

对刀轨进行检验，可视化检验。

13）确定工序

可以进行刀轨确认，在确认刀轨后，单击"型腔铣"对话框底部的"确定"按钮，接受刀轨并关闭"型腔铣"对话框。

2. 创建连杆底面精加工的型腔铣工序

1）创建型腔铣工序

单击创建工具条上的"创建工序"按钮，选择型腔铣的类型及各个选项组，如图 4-37所示。确认选项后单击"确定"按钮，打开"型腔铣"对话框，如图 4-38 所示。

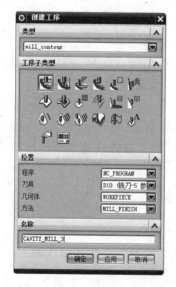

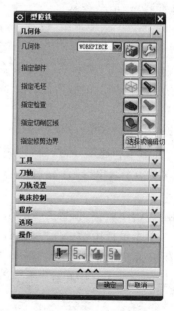

图 4-37 "创建工序"对话框　　　　图 4-38 "型腔铣"对话框

2）指定切削区域

在"型腔铣"对话框的几何体组中单击指定"切削区域"按钮,在图形上拾取底座上表面、连接座上表面与槽的底面,如图 4-39 所示。

3）刀轨设置

在"型腔铣"对话框中选择切削模式为"往复",步距为"恒定",最大距离为 3,每刀的公共深度为"恒定",最大距离为 0,如图 4-40 所示。

4）设置切削策略参数

在"型腔铣"对话框中,单击  按钮进入"切削参数"对话框。首先打开"策略"选项卡,设置参数如图 4-41 所示,指定壁清理为"在终点"。

图 4-39 指定"切削区域"

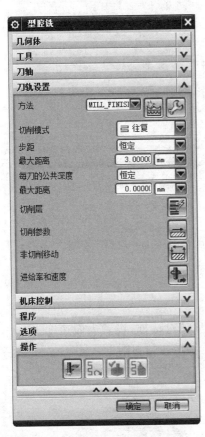

图 4-40 刀轨设置

图 4-41 "策略"选项卡

5）设置余量参数

打开"余量"选项卡,如图 4-42 所示,不选择"使底面与侧面余量一致"复选框,设置部件侧面余量为 0.2,设置内、外公差值均为 0.003。

单击"确定"按钮完成切削参数的设置,返回"型腔铣"对话框。

6）设置进退刀选项

在"型腔铣"对话框中单击"非切削移动"按钮,则弹出"非切削移动"对话框,首先显示"进刀"选项卡,如图 4-43 所示,设置进刀参数,封闭区域的进刀类型为"插削",高度为 3,开放区域的进刀类型为"线性",长度为刀具直径的 50%。

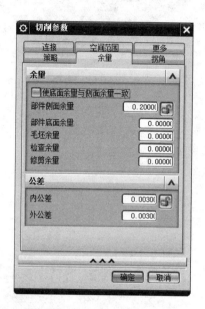

图 4-42   "余量"选项卡

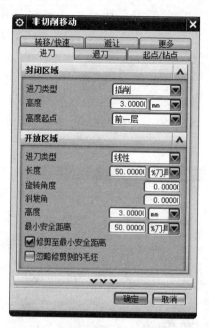

图 4-43   "进刀"选项卡

7）转移/快速参数

在"转移/快速"选项卡中,设置安全设置选项为"自动平面",指定区域之间的转移类型为"安全距离-刀轴",区域内的转移类型为"直接"。

单击鼠标中键返回"型腔铣"对话框。

8）设置进给和速度

单击"进给率和速度"按钮,则弹出"进给率和速度"对话框,设置表面速度为 110,每齿进给量为 0.02,单击"计算"按钮进行计算,得到主轴转速与切削进给量。

将切削进给取整,设置为 1 400,单击进给率下的"更多"命令,设置进刀为 50 的切削百分比。单击鼠标中键返回"型腔铣"对话框。

9）生成刀轨

在工序对话框中单击"生成"按钮,计算生成刀轨。计算完成的刀轨如图 4-44 所示。

10）检验刀轨

对刀轨进行检验,可视化检验。

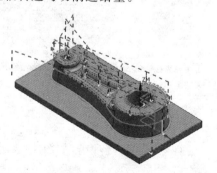

图 4-44   生成刀轨

11) 确定工序

可以进行刀轨确认，在确认刀轨后，单击"型腔铣"对话框底部的"确定"按钮，接受刀轨并关闭工序对话。

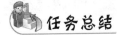 任务总结

任务 4.2 操作参考.mp4

（64.3MB）

1. 侧面精加工工序创建任务总结

创建侧面精加工工序时采用的切削模式是"轮廓加工"，即只沿零件表面进行精加工。在完成本任务时，需要注意以下几点。

（1）选择轮廓加工，附加刀路为 0 时，步距不起作用，无须设置。

（2）在"型腔铣"工序对话框中，可以不设置每刀的公共深度，而直接在切削层设置中进行指定。

（3）在切削层设置时，需要删除底部的范围，避免在底部生成刀轨。

（4）选择"深度优先"方式，将凹槽部分与外轮廓分开加工，避免过多的抬刀。

（5）精加工侧壁时，设置一段重叠距离有助于消除进刀痕迹。

2. 底面精加工工序创建任务总结

创建底面精加工工序时采用的切削模式为"往复"，在完成本任务时，需要注意以下几点。

（1）指定切削区域，只在指定的区域上生成刀轨。

（2）在刀轨设置中设置每刀公共深度的最大距离为 0，将只生底部的一个切削层，相当于选择了切削层"只在范围底部"。

（3）在余量设置时将部件侧面余量设置为 0.2，避免对侧壁的重复加工形成刀痕。

（4）由于底面的加工余量不大，因此可以采用"插削"方式进行封闭区域的进刀，而不用螺旋方式，以免产生较长的切削路径。

拓展知识：拐角加工

1. 拐角粗加工

拐角粗加工在工件凹角或窄槽位置，以较小直径的刀具直接加工前面较大直径刀具无法加工到位的残余材料。图 4-45 所示为拐角粗加工示例。

"拐角粗加工"对话框如图 4-46 所示。可以看到，与普通的深度铣相比，"拐角粗加工"对话框中增加了一个选项，即参考刀具。UGNX 软件引入了参考刀具功能，可以智能快速地识别上一把刀具加工时残留的未切削部分，将其设置为本次切削的毛

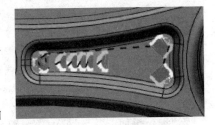

图 4-45 拐角粗加工示例图

坯,按照设置的参数生成型腔铣工序。

"参考刀具"选项用于选择前一加工刀具,可以在下拉列表中选择一个刀具作为参考刀具,也可以新建一个刀具,其方法与刀具组中设置相同。

参考刀具的大小将决定残余毛坯的大小以及本次加工的切削区域。在设置参考刀具时,不一定是前面工序使用的刀具,可以按需要的大小自定义。

2. 深度加工拐角

深度加工拐角只沿轮廓侧壁清除前一刀具残留的部分材料,是一种角落精加工的方式。深度拐角加工可以指定切削区域和设置陡峭空间范围,特别适用于垂直方向的清角加工。

下面以本项目中的凹槽角落为例,创建一个拐角粗加工的工序。该凹槽前面已经使用 D12R2 的刀具进行粗加工,实际角落大小为 R3,有部分残料。

1) 创建型腔铣工序

单击创建工具条上的"创建工序"按钮,选择型腔铣的类型及各个选项组,如图 4-47 所示。确认选项后单击"确定"按钮,打开"拐角粗加工"对话框,如图 4-48 所示。

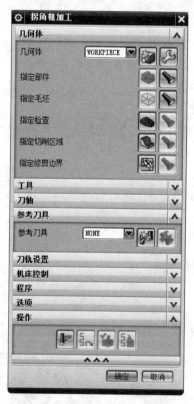

图 4-46　"拐角粗加工"对话框

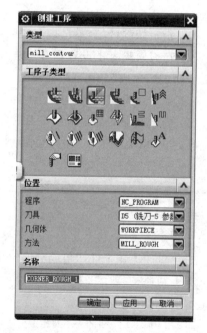

图 4-47　"创建工序"对话框

2) 刀轨设置

在"拐角粗加工"对话框中选择刀具为 D5,陡峭空间范围为"无",步距为"刀具平直百分比",平面直径百分比为 20,每刀的公共深度为"恒定",最大距离为 0.3,如图 4-49 所示。

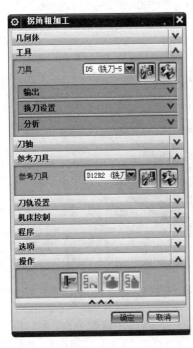

图 4-48 "拐角粗加工"对话框

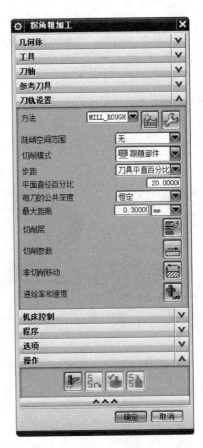

图 4-49 刀轨设置

3）生成刀轨

在"拐角粗加工"对话框中单击"生成"按钮,计算生成刀轨。计算完成的刀轨如图 4-50 所示。

图 4-50 刀轨

4）确定工序

可以进行刀轨确认,在确认刀轨后,单击"拐角粗加工"对话框底部的"确定"按钮,接受刀轨并关闭工序对话。

实战训练：型腔铣编程加工

打开零件模型文件 D:\anli\4-xqx.stp，如图 4-51 所示，操作编程的基本过程，包括零件分析、创建程序、创建刀具、创建加工方法和创建几何体，练习定义坐标系、安全平面、零件几何体与毛坯几何体，创建型腔铣操作、设置操作参数、生成刀轨、仿真模拟和生成 G 代码等。

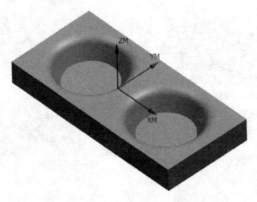

图 4-51　型腔铣编程加工练习

深度加工轮廓铣
——锥度体自动编程加工

本模块主要讲述按粗加工、精加工的顺序进行加工锥度体零件，按加工特点选择型腔铣与深度加工轮廓铣操作的编程加工基本过程，其构建思路为介绍深度加工轮廓铣的加工原理，然后讲解编程通用参数的设置，包括切削模式、陡峭空间范围、合并距离、切削层、切削参数、非切削参数和进给速度等内容，通过本模块的学习，使读者能够准确掌握深度加工轮廓铣操作编程的一般过程，并为后续的学习奠定基础。

任务 5.1 创建粗加工的型腔铣工序

 学习目标

（1）能够正确进行加工前的准备工作。
（2）能够正确创建零件的粗加工型腔铣工序。
（3）能够合理设置型腔铣的刀轨参数。

 **任务描述**

在零件型腔加工这种单件生产中，零件毛坯一般都是一个标准的立方块，通常在加工前对毛坯进行光面处理，大部分余量，需要在粗加工中去除。一般使用型腔铣创建粗加工工序。在本任务中，锥度体零件模型如图 5-1 所示，首先要进行初始设置，包括刀具的创建与几何体的创建，然后进行粗加工工序的创建。

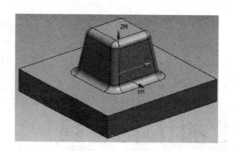

图 5-1　锥度体零件模型

任务实施：创建锥度体型腔铣粗加工操作

（1）选择"开始"→"程序"→Siemens NX 8.5→NX 8.5命令启动软件。

（2）选择"文件"→"打开"命令，弹出"打开"对话框，选择文件 D:\anli\5-zdt.prt，单击"确定"按钮打开文件，直接进入 UG 建模环境。

（3）检查模型，从不同角度检查模型，使用测量工具测量距离，确定零件大小与关键点的坐标值；确认零件的工作坐标系在顶面中心，但该顶面中心并非绝对坐标原点。

在工具条上单击"开始"按钮，在下拉选项中选择"加工"命令，选择 CAM 设置为 mill_contour，单击"确定"按钮进行加工环境的初始化设置。

（4）创建刀具。

在创建工序前，必须设置合理的刀具参数或从刀具库中选取合适的刀具。刀具的定义直接关系到表面质量的优劣、加工精度以及加工成本的高低。

选择下拉菜单"插入"→"刀具"命令，弹出如图 5-2 所示的"创建刀具"对话框。在"创建刀具"对话框"刀具子类型"区域中单击 MILL 按钮 ⚹，在"名称"文本框中输入刀具名称 D12R0，然后单击"确定"按钮，弹出"铣刀-5 铣参数"对话框。在"铣刀-5 参数"对话框中设置刀具参数如图 5-3 所示。

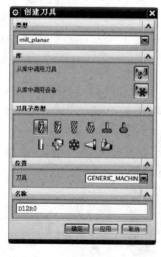

图 5-2　"创建刀具"对话框

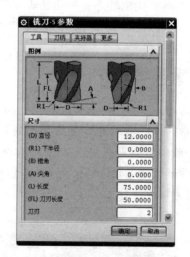

图 5-3　"铣刀-5 参数"对话框

（5）创建坐标系几何体。

单击工具栏中的"创建几何体"按钮 ，打开"创建几何体"对话框，如图 5-4 所示。选择几何体子类型为 ，输入名称为 MCS，单击"确定"按钮进行坐标系几何体的建立，打开 MCS 对话框，如图 5-5 所示。

图 5-4 "创建几何体"对话框

图 5-5 MCS 对话框

在 MCS 对话框中选择 CSYS 按钮 ，打开 CSYS 对话框，如图 5-6 所示，选择类型为"动态"，参考为 WCS，单击"确定"按钮将 MCS 设置与 WCS 重合，如图 5-7 所示。

图 5-6 CSYS 对话框

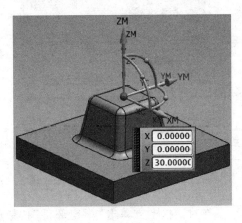

图 5-7 显示 MCS

在 MCS 对话框的"安全设置"参数组下，指定安全设置选项为"平面"，单击指定平面的"平面"按钮 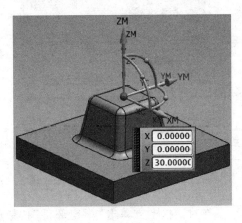，打开"平面"对话框，如图 5-8 所示，指定类型为"XC-YC 平面"，偏置和参考距离为 50，在图形上显示安全平面位置如图 5-9 所示，单击"确定"按钮完成平面指定，单击 MCS 对话框的"确定"按钮，完成几何体 MCS 创建。

图 5-8　"平面"对话框

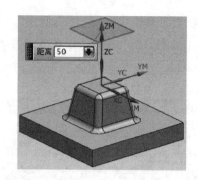

图 5-9　显示安全平面

（6）创建工件几何体。

单击"创建"工具条中的"创建几何体"按钮 ，打开"创建几何体"对话框，如图 5-10 所示，选择几何体子类型为 MILL_GEOM，位置几何体 MCS，再单击"确定"按钮，打开"铣削几何体"对话框，如图 5-11 所示。

图 5-10　"创建几何体"对话框

图 5-11　"铣削几何体"对话框

（7）指定部件。

在对话框上方单击"指定部件"按钮，框选所有，在图形上所有的面都改变颜色显示，表示已经选中的部件几何体，如图 5-12 所示。单击"确认"按钮完成部件几何体的选择，返回"铣削几何体"对话框。

（8）指定毛坯。

在"铣削几何体"对话框上单击"毛坯几何体"按钮，弹出"毛坯几何体"对话框，指定类型为"包容块"，如图 5-13 所示。单击"确定"按钮完成毛坯几何

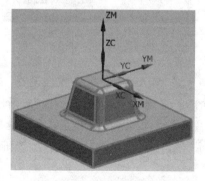

图 5-12　指定部件

图形的选择，返回"铣削几何体"对话框，单击"确定"按钮完成铣削几何体的创建。

图 5-13　指定毛坯

（9）创建粗加工的型腔铣工序。

单击创建工具条上的"创建工序"按钮 ，在"创建工序"对话框中选择工序子类型为"型腔铣" ，选择刀具为 D12R0，几何体为 MILL_GEOM，设置各个组参数，如图 5-14 所示。确认后单击"确定"按钮开始型腔铣工序的创建。打开"型腔铣"对话框，显示几何体和刀具部分，如图 5-15 所示。

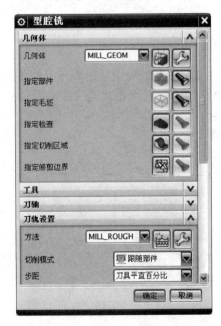

图 5-14　"创建工序"对话框　　　　　图 5-15　"型腔铣"对话框

（10）指定修剪几何体。

在"型腔铣"对话框单击"指定修剪边界"按钮 ，打开"修剪边界"对话框，默认的过滤器类型为"面" ，选择"忽略孔"复选框，指定修剪侧为"外部"，如图 5-16 所示，拾取图形的水平面，如图 5-17 所示，则平面的外边缘将成为修剪边界几何体，如图 5-18 所示。

图 5-16　修剪边界

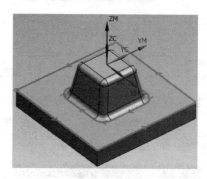

图 5-17　拾取水平面

（11）刀轨设置。

在"型腔铣"对话框中展开刀轨设置参数组，选择切削模式为"跟随周边"，设置步距为"恒定"方式，最大距离为 11，每刀的公共深度为"恒定"方式，最大距离为 1，如图 5-19 所示。

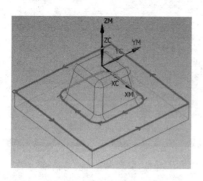

图 5-18　修剪边界几何体

图 5-19　刀轨设置

（12）设置切削策略参数。

在"型腔铣"对话框中，单击"切削参数"按钮 ，进入切削参数设置。打开"策略"选项卡,设置参数如图 5-20 所示,切削方向为"顺铣",切削顺序为"深度优先",选择"岛清根"复选框,壁清理设置为"无"。

（13）设置余量参数。

单击"切削参数"对话框顶部的"余量"选项卡,如图 5-21 所示,设置余量与公差参数。设置部件侧面余量与部件底部余量为不同值,分别为 0.6、0.3,粗加工时内、外公差值均为 0.1。

图 5-20 "策略"选项卡

图 5-21 "余量"选项卡

（14）设置拐角参数。

单击"切削参数"对话框顶部的"拐角"选项卡,如图 5-22 所示,设置拐角处的刀轨形状,光顺为"所有刀路"。

完成设置后单击"确定"按钮完成切削参数的设置,返回"型腔铣"对话框。

（15）设置进刀选项。

单击"非切削移动"按钮 [图], 弹出"非切削移动"对话框,选择"进刀"选项卡,如图 5-23 所示,设置进刀参数。在封闭区域采用"螺旋"方式下刀,斜坡角为 15,有利于刀具以均匀的切削力进入切削。在开放区域使用进刀类型为"线性",长度为 50％的刀具直径。

（16）设置退刀选项。

单击"退刀"选项卡,如图 5-24 所示,设置退刀参数。设置退刀类型为"无",直接退刀。

（17）设置转移方法。

单击"转移/快速"选项卡,设置安全设置选项为"使用继承的",区域之间的转移类型为"毛坯平面",区域内的转移方式为"进刀/退刀",转移类型为"直接",如图 5-25 所示。单击鼠标中键返回"型腔铣"对话框。

图 5-22 "拐角"选项卡

图 5-23 "进刀"选项卡

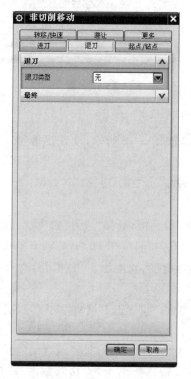

图 5-24 "退刀"选项卡

图 5-25 "转移/快速"选项卡

（18）设置进给率和速度。

单击"进给率和速度"按钮，弹出"进给率和速度"对话框，设置表面速度为200，每齿进给量为0.3，系统计算得到主轴转速与切削进给率，如图5-26所示，选择进给率下的"更多"选项，设置进刀为50％的切削进给率，第一刀切削为60％的切削进给率，退刀切削为100％，如图5-27所示，单击鼠标中键返回"型腔铣"对话框。

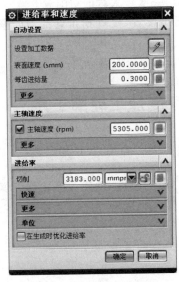

图 5-26　进给率和速度

图 5-27　更多

（19）生成刀轨。

在"型腔铣"对话框中单击"生成"按钮，计算生成刀轨。计算完成的刀轨如图5-28所示。

（20）确定工序。

确认刀轨后单击"型腔铣"对话框底部的"确定"按钮，接受刀轨并关闭工序对话框。

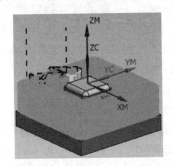

图 5-28　型腔铣刀轨

任务 5.1 操作参考.mp4(28.9MB)

任务总结

在完成这个零件的粗加工型腔铣工序前还要进行初始设置。在完成任务过程中需要注意以下几点。

（1）创建坐标系几何体时，由于零件并非在绝对坐标原点位置，因此要使用工作坐标系来创建 MCS。

（2）为限定切削范围，指定毛坯的边缘作为修剪边界，将外部的路径进行修剪。

（3）设置切削策略参数时，一定要选择"岛清根"复选框，否则可能产生在前面的切削层中岛屿周边大量的残余量未去除，而后续的切削层一次作大量的切削。

（4）为使切削过程中刀具负荷稳定，要进行拐角设置，设置拐角处的刀轨形状为光顺-所有刀路。

（5）非切削移动的进刀选项设置中，封闭区域采用螺旋下刀方式。

任务 5.2   创建精加工的深度加工轮廓工序

学习目标

本任务的主要目的是使读者掌握等高轮廓铣的加工原理，创建等高轮廓铣操作的几何体，最后能够正确创建等高轮廓铣操作。对一般等高轮廓铣和陡峭区域等高轮廓铣能够区别。

任务描述

创建锥度体深度加工轮廓工序，如图 5-1 所示锥度体的三维模型。

知识链接

5.2.1   深度加工轮廓铣概念

深度加工轮廓（ZLEVEL_PROFILE）也称为等高轮廓铣是一种固定的轴铣削操作，通过多个切削层来加工零件表面轮廓。在等高轮廓铣操作中，除了可以指定切削区域作为部件几何体的子集，方便限制切削区域。如果没有指定切削区域，则对整个零件进行切削。在创建等高轮廓铣削路径时，系统自动追踪零件几何，检查几何的陡峭区域，定制追踪形状，识别可加工的切削区域，并在所有的切削层上生成不过切的刀具路径。

5.2.2   深度加工轮廓铣参数设置

在刀轨设置中，不需要选择切削模式，增加了陡峭空间范围、合并距离、最小切削深度、每刀的公共深度等参数。另外，在切削参数的选项中也有部分参数有所不同。

等高轮廓铣的刀轨设置除了与型腔铣相同的参数以外，有部分参数是其特有的，以下介绍这些选项。

1. "陡峭空间范围"

这是等高轮廓铣区别于其他型腔铣的一个重要参数。如果在其右边的下拉菜单中选择"仅陡峭的"选项，就可以在被激活的"角度"文本框中输入角度值，这个角度称为陡峭角。零件上任意一点的陡峭角是刀轴与该点处法向矢量所形成的夹角。选择"仅陡峭的"选项后,只有陡峭角大于或等于给定的角度的区域才能被加工。

2."合并距离"文本框

用于定义在不连贯的切削运动切除时,在刀具路径中出现的缝隙的距离。

3."最小切削长度"文本框

该文本框用于定义生成刀具路径的最小长度值。当切削运动的距离比指定的最小切削长度值小时,系统不会在该处创建刀具路径。

4."每刀的公共深度"文本框

用于设置进给区域内区域每次切削的深度。系统将计算等于且不超出指定的"每刀的公共深度"值的实际切削层。

5."切削层"对话框

"切削层"对话框中各选项的说明如下。

(1)"范围类型"下拉列表中提供了如下三种选项。

①"自动":使用此类型系统将通过与零件有关联的平面生成多个切削深度区间。

②"用户定义":使用此类型,用户可以通过定义每一个区间的底面生成切削层。

③"单个":使用此类型,用户可以通过零件几何和毛坯几何定义切削深度。

(2)"每刀的公共深度":用于设置每个切削层的最大深度。通过对"每刀的公共深度"进行设置后,系统将自动计算分几层进行切削。

(3)"切削层"下拉列表中提供了如下三种选项。

①"恒定":将切削深度恒定保持在"每刀的公共深度"的设置值。

②"最优化":优化切削深度,以便在部件间距和残余高度方面更加一致。最优化在斜度从陡峭或几乎竖直变为表面或平面时创建其他切削,最大切削深度不超过全局每刀深度值,仅用于深度加工操作。

③"仅在范围底部":仅在范围底部切削不细分切削范围,选择此选项将使全局每刀深度选项处于非活动状态。

(4)"范围深度"文本框:在该文本框中,通过输入一个正值或负值距离,定义的范围在指定的测量位置的上部或下部,也可以利用范围深度滑块来改变范围深度,当移动滑块时,范围深度值跟着变化。

(5)"测量开始位置"下拉列表中提供了以下四种选项。

①"顶层":选择该选项后,测量切削范围深度从第一个切削顶部开始。

②"当前范围顶部":选择该选项后,测量切削范围深度从当前切削顶部开始。

③"当前范围底部":选择该选项后,测量切削范围深度从当前切削底部开始。

④"WCS原点":选择该选项后,测量切削范围深度从当前工作坐标系原点开始。

(6)"每刀的深度"文本框:用来定义当前范围的切削层深度。

任务实施:创建锥度体深度加工轮廓铣精加工操作

1.创建刀具

(1)在创建工序前,必须设置合理的刀具参数或从刀具库中选取合适的刀具。刀具的定义直接关系到表面质量的优劣、加工精度以及加工成本的高低。

（2）选择下拉菜单"插入"→"刀具"命令，弹出如图 5-29 所示的"创建刀具"对话框。

（3）在"创建刀具"对话框"刀具子类型"区域中单击 BALL_MILL 按钮 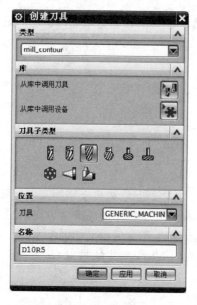，在"名称"文本框中输入刀具名称 D10R5，然后单击"确定"按钮，弹出如图 5-30 所示的"铣刀-球头铣"对话框。在"铣刀-球头铣"对话框中设置刀具参数。

图 5-29　"创建刀具"对话框

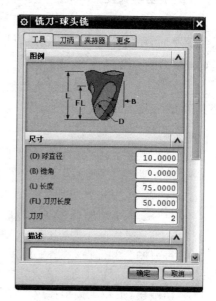

图 5-30　"铣刀-球头铣"对话框

2. 创建工序

（1）选取下拉菜单"插入"→单击创建工序图标 ，弹出"创建工序"对话框。如图 5-31 所示。

（2）在"创建工序"对话框的"类型"下拉列表中选择 mill_contour 选项，在"工序子类型"区域中选择 ZLEVEL_PROFILE 按钮 ，在"程序"下拉列表中选择 PROGRAM 选项，在"刀具"下拉列表中选择 D10R5 选项，在"几何体"下拉列表中选择 MILL_GEOM 选项，在"方法"下拉列表中选择 MILL_FINISH 选项，单击"确定"按钮，此时，弹出图 5-32 所示的"深度加工轮廓"对话框。

3. 指定切削区域

单击"深度加工轮廓"对话框"指定切削区域"右侧的 按钮，弹出"切削区域"对话框。在绘图区中选取如图 5-33 所示的切削区域，单击"确定"按钮，返回到"深度加工轮廓"对话框。

4. 设置刀具路径参数和切削层

设置刀具路径参数。在"深度加工轮廓"对话框的"合并距离"文本框中输入值 2.0。在"最小切削长度"文本框中输入值 1.0。在"每刀的公共深度"的下拉菜单列表中选择"恒定"选项，然后在"最大距离"文本框中输入值 0.2。

图 5-31 "创建工序"对话框

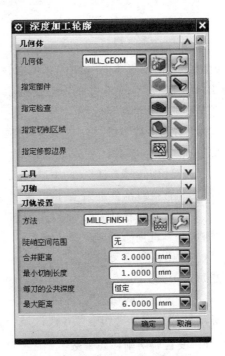

图 5-32 "深度加工轮廓"对话框

单击"深度加工轮廓"对话框中的"切削层"按钮 ，弹出如图 5-34 所示的"切削层"对话框，这里采用系统默认参数，单击"确定"按钮，返回到"深度加工轮廓"对话框。

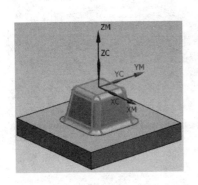

图 5-33 指定切削区域

图 5-34 "切削层"对话框

5．设置切削参数

单击"深度加工轮廓"对话框中的"切削参数"按钮 ，弹出"切削参数"对话框。单击"切削参数"对话框中的"策略"选项卡，在"切削顺序"下拉列表中选择"深度优先"选项。单击"切削参数"对话框中的"连接"选项卡，参数设置如图 5-35 所示，单击"确定"按钮，返回到"深度加工轮廓"对话框。

对"切削参数"对话框中"连接"选项卡部分选项的说明如下，"层之间"选项是专门用于深度铣的切削参数。

（1）"使用转移方法"：使用进刀/退刀的设定信息，每个刀路会抬刀到安全平面。

（2）"直接对部件进刀"：将以跟随部件的方式来定位移动刀具。

（3）"沿部件斜进刀"：将以跟随部件的方式，从一个切削层到下一个切削层，需要指定"斜坡角"，此时刀路较完整。

（4）"沿部件交叉斜进刀"：与"沿部件斜进刀"相似，不同的是在斜削进下一层之前完成每个刀路。

（5）"在层之间切削"：可在深度铣中的切削层间存在间隙时创建额外的切削，消除在标准层到层加工操作中留在浅区域中的非常大的残余高度。

6．设置非切削移动参数

在"深度加工轮廓"对话框中单击"非切削移动"按钮 ，弹出"非切削移动"对话框。单击"非切削移动"对话框中的"进刀"选项卡，其参数设置值如图 5-36 所示，单击"确定"按钮，完成非切削移动参数的设置。

图 5-35　"连接"选项卡

图 5-36　"进刀"选项卡

7. 设置进给率和速度

在"深度加工轮廓"对话框中单击"进给率和速度"按钮，弹出"进给率和速度"对话框。在"进给率和速度"对话框选择"主轴速度"复选框，然后在其文本框中输入 1 200，在"切削"文本框中输入 1 250，按 Enter 键，然后单击"计算"按钮。在"更多"区域的"进刀"文本框中输入 1 000，在"第一刀切削"文本框中输入 300，其他选项均采用系统默认参数设置值。单击"确定"按钮，完成进给率和速度的设置，返回"深度加工轮廓"对话框。

8. 生成刀路轨迹

在"深度加工轮廓"对话框中单击"生成"按钮，在图形区中生成如图 5-37 所示的刀路轨迹。

9. 仿真结果

在"深度加工轮廓"对话框中单击"确定"按钮，弹出"刀轨可视化"对话框。在"刀轨可视化"对话框中单击选择"2D 动态"后，单击播放箭头即可开始模拟加工，其结果如图 5-38 所示。仿真完成后单击"确定"按钮，完成仿真操作。

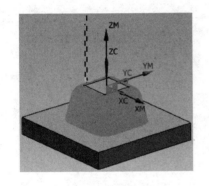

图 5-37　刀路轨迹

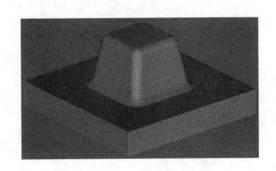

图 5-38　仿真结果

10. 完成操作

在"深度加工轮廓"对话框中单击"确定"按钮，完成操作。

 任务总结

任务 5.2 操作参考.mp4
（28.5MB）

深度加工轮廓工序常用于陡峭壁面的精加工，在创建深度加工轮廓工序时需要注意以下几点。

（1）本任务加工区域的底部有相对较大的加工余量，因此必须进行精加工。

（2）指定切削区域可以只在选择的面上生成刀轨。

（3）设置切削参数中"连接"选项卡时，在层到层中选择"沿部件斜进刀"选项，将以跟随部件的方式，从一个切削层到下一个切削层，需要指定斜坡角，此时刀路较完整。

实战训练：锥台编程加工

打开锥台模型文件 D:\anli\5-zt.prt，如图 5-39 所示，操作编程的基本过程，包括创建程序、创建刀具、创建加工方法和创建几何体，练习定义坐标系、安全平面、零件几何体与毛坯几何体，创建操作、生成刀轨、仿真模拟和生成 G 代码等。

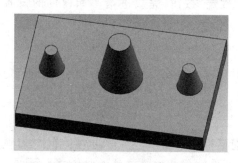

图 5-39　锥台编程加工练习

固定轮廓铣
——圆顶盔凸模自动编程加工

本模块要求完成一个圆顶盔凸模的数控加工程序编制,在精加工中,还需要按照加工区域的特点选择不同的加工方法,在陡面部分采用等高轮廓加工,而在浅面部分,则应该选择固定轴轮廓铣方式。通过本模块的学习,使读者掌握固定轴轮廓铣操作编程的一般过程。

任务 6.1　创建粗加工的型腔铣工序

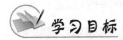 学习目标

本任务的主要目的是使读者能够正确创建复杂零件的粗加工型腔铣工序,能够合理设置型腔铣的操作参数。

任务描述

在模具型腔加工这种典型的单件生产中,零件毛坯往往是一个标准的立方块,通常在加工前会对这一毛坯进行初步的光面处理。而大部分余量,需要在粗加工中去除。在粗加工工序创建时,一般使用型腔铣工序,并且选择较大直径的刀具来提高粗加工的加工效率。如图 6-1 所示,零件材料为 45♯钢,毛坯为锻件,这是一个较为复杂的模具,零件加工精度要求较高,因而需要按粗加工、半精加工、精加工的顺序进行加工。在本任务中,首先要进行初始设置,包括刀具的创建与几何体的创建,然后进行粗加工工序的创建。

图 6-1　圆顶盔凸模

知识链接

　　型腔铣加工方法是对零件逐层进行加工，系统按照零件在不同深度的截面形状计算各层的刀轨。型腔铣工序可以选择不同的切削模式，包括平行切削与环绕切削的粗加工，以及轮廓铣削的精加工。

　　型腔铣的应用非常广泛，可以用于大部分零件的粗加工，包括各种形状复杂的零件的粗加工。设置为轮廓铣削，可以完成直壁或者斜度不大的侧壁的精加工。通过限定高度值做单层加工，可用于平面的精加工；通过限定切削范围，可以进行角落的清角加工。

任务实施：创建粗加工工序步骤

　　(1) 启动软件，新建文件 6-ydktm. prt，导入 D：\anli\6-ydktm. stp，单击"确定"按钮打开文件，直接进入 UG 建模环境。

　　(2) 从不同角度检查模型，确认无明显错误；使用测量工具测量距离，确定零件大小与关键点的坐标值；确认零件的工作坐标系在零件的顶面中心，如图 6-2 所示。

　　(3) 在工具条上单击"开始"按钮，在下拉选项中选择"加工"命令，选择 CAM 设置为 mill_contour，单击"确定"按钮进行加工环境的初始化设置。

　　(4) 创建刀具，单击创建工具条上的"创建刀具"按钮 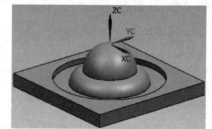。系统弹出"创建刀具"对话框，如图 6-3所示，选用 D30R5 铣刀，即直径为 30，底圆角半径为 5，刀具号设定为 1。单击"确定"按钮，创建铣刀

图 6-2　检视模型

D30R5，如图 6-4 所示。用"型腔铣"方式进行粗加工，粗铣后底座上平面与曲面的侧表面均留 1mm 余量。

　　用同样的方法创建名称为 D12R3 铣刀，即直径为 12，底圆角半径为 3，刀具号设定为2，设置完各参数后单击"确定"按钮创建，铣刀 D12R3。用"等高轮廓铣"方式进行半精加工，加工后所有外表面留有 0.5mm 的余量。

　　再创建名称为 D16R8 球头铣刀，既直径 16，底圆角半径 8，刀具号设定为 3，单击"确定"按钮完成刀具创建。用于顶部缓坡面的轮廓区域精加工。

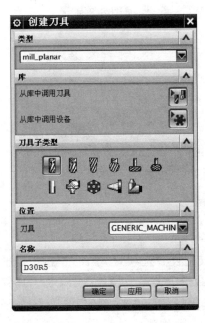

图 6-3 "创建刀具"对话框

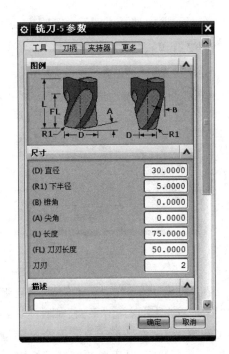

图 6-4 设置刀具参数

再创建名称为 D8R4 球头铣刀,即直径为 8,底圆角半径为 4,刀具号设定为 4,单击"确定"按钮完成刀具创建。用"固定轴轮廓铣"方式进行精加工,将所有曲面表面尺寸一次加工到位。用"轮廓铣"中的"清根铣"方式进行精加工,将工件曲面与底座上平面的边界处加工至尺寸要求。

(5) 创建坐标系几何体,单击工具栏中的"创建几何体"按钮 ，系统打开"创建几何体"对话框,如图 6-5 所示。选择几何体子类型为 MCS,输入名称为 MCS,单击"确定"按钮进行坐标系几何体的建立。系统打开 MCS 对话框,如图 6-6 所示。

图 6-5 "创建几何体"对话框

图 6-6 MCS 对话框

在对话框中选择 CSYS 按钮 ![mcs]，打开 CSYS 对话框，如图 6-7 所示，选择类型为"动态"，参考为 WCS，单击"确定"按钮将 MCS 设置与 WCS 重合，如图 6-8 所示。

图 6-7　CSYS 对话框

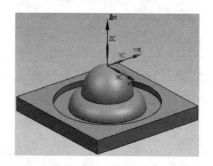

图 6-8　显示 MCS(工件立体图)

在 MCS 对话框的"安全设置"参数组下，指定安全设置选项为"平面"单击指定平面的"平面"按钮 ![]，打开"平面"对话框，如图 6-9 所示，指定类型为"XC_YC 平面"，偏置和参考距离为 50，在图形上显示安全平面位置，如图 6-10 所示，单击"确定"按钮，完成平面指定。单击 MCS 对话框的"确定"按钮完成几何体 MCS 创建。

图 6-9　"平面"对话框

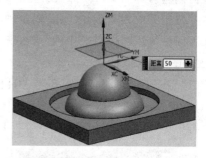

图 6-10　显示安全平面

(6) 创建工件几何体，单击"创建"工具条中的"创建几何体"按钮 ![]，系统打开"创建几何体"对话框，如图 6-11 所示。选择几何体子类型为工件，位置几何体为 MCS，再单击"确定"按钮，打开"铣削几何体"对话框，如图 6-12 所示。

(7) 指定部件，在对话框上方单击"指定部件"按钮 ![]，框选整个部件几何体，在图形上所有的面都改变颜色显示，表示已经选中的部件几何体，如图 6-13 所示。单击"确定"按钮完成部件几何体的选择，返回"铣削几何体"对话框。

(8) 指定毛坯，在"铣削几何体"对话框上单击"毛坯几何体"按钮 ![]，系统提出"毛坯几何体"对话框，指定类型为"包容块"，并指定 ZM 方向极限为 0，如图 6-14 所示。单击"确定"按钮完成毛坯图形的选择，返回"铣削几何体"对话框。单击"确定"按钮完成铣削几何体的创建。

图 6-11 "创建几何体"对话框

图 6-12 "铣削几何体"对话框

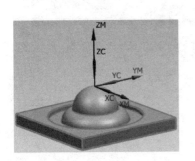

图 6-13 指定部件

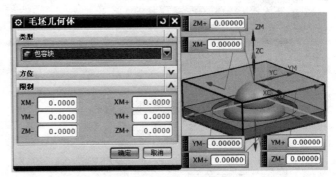

图 6-14 指定毛坯

（9）创建型腔铣工序，单击创建工具条上的"创建工序"按钮 ，在"创建工序"对话框中选择工序子类型为型腔铣 ，选择刀具为 D30R5，几何体为 MILL_GEOM，设置各个组参数，如图 6-15 所示，单击"确定"按钮开始型腔铣工序的创建，打开"型腔铣"工序对话框，显示几何体与刀具部分，如图 6-16 所示。

（10）指定修剪几何体，在"型腔铣"对话框单击"指定修剪边界"按钮 ，系统打开"修剪边界"对话框，默认的过滤器类型为"面" ，选择"忽略孔"复选框，指定修剪侧为"外部"，如图 6-17 所示。拾取图形的水平面，如图 6-18 所示，则平面的外边缘将成为修剪边界几何体，如图 6-19 所示。

（11）刀轨设置，在"型腔铣"对话框中展开刀轨设置参数组，选择切削模式为"跟随周边"，设置步距为"恒定"方式，最大距为 45，每刀的公共深度为"恒定"方式，最大距离为 1.2，如图 6-20 所示。

（12）设置切削策略参数，在"型腔铣"对话框中，单击"切削参数"按钮 进入切削参数设置。首先打开"策略"选项卡，设置参数如图 6-21 所示，切削顺序为"深度优先"，选择"岛清根"复选框，壁清理设置为"无"。

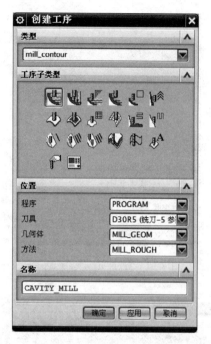

图 6-15 "创建工序"对话框

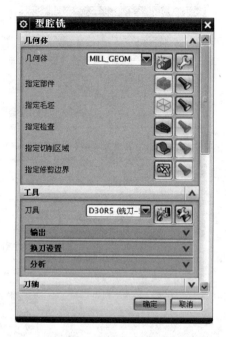

图 6-16 "型腔铣"对话框

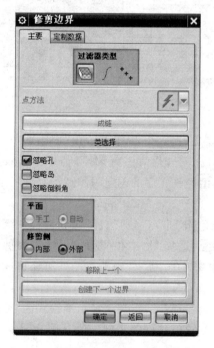

图 6-17 修剪边界

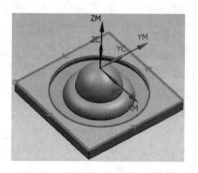

图 6-18 拾取水平面

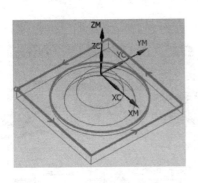

图 6-19　修剪边界几何体

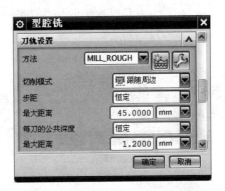

图 6-20　刀轨设置

（13）设置余量参数，单击"切削参数"对话框顶部的"余量"选项卡，如图 6-22 所示，设置余量与公差参数。设置部件侧面余量与部件底面余量为不同值，分别为 0.6、0.3，粗加工时外公差值均为 0.1。

图 6-21　"策略"选项卡

图 6-22　"余量"选项卡

（14）设置拐角参数，单击"切削参数"对话框顶部的"拐角"选项卡，如图 6-23 所示，设置各参数。设置拐角处的刀轨形状，光顺为"所有刀路"。完成设置后单击"确定"按钮完成切削参数的设置，返回"型腔铣"对话框。

（15）设置进刀选项，单击"非切削移动"按钮 ，弹出"非切削移动"对话框，首先显示"进刀"选项卡，如图 6-24 所示，设置进刀参数。在封闭区域采用"螺旋"方式下刀，斜坡角为10,有利于刀具以均匀的切削力进入切削。在开放区域使用进刀类型为"线性",长度为60％的刀具直径。

图6-23 "拐角"选项卡

图6-24 "非切削移动"对话框

(16)设置退刀选项,单击"退刀"选项卡,如图6-25所示,设置退刀参数。设置退刀类型为"无",直接退刀。

(17)设置转移方法,单击"转移/快速"选项卡,设置安全设置选项为"使用继承的",区域之间的转移类型为"毛坯平面",区域内的转移方式为"进刀/退刀",转移类型为"直接",如图6-26所示。单击鼠标中键返回"型腔铣"对话框。

(18)设置进给率和速度,单击"进给率和速度"按钮🗇,弹出"进给率和速度"对话框,设置表面速度为188,每齿进给量为0.25,系统计算得到主轴转速与切削进给率,如图6-27所示。单击进给率下的"更多"选项,设置进刀为50％的切削进给率,第一刀切削为60％的切削进给率,退刀为"快速",如图6-28所示。单击鼠标中键返回"型腔铣"对话框。

(19)生成刀轨,在"型腔铣"对话框中单击"生成"按钮🏴,计算生成刀轨。计算完成的刀轨如图6-29所示。

(20)确定工序,确认刀轨后单击"型腔铣"对话框底部的"确定"按钮,接受刀轨关闭工序对话框。

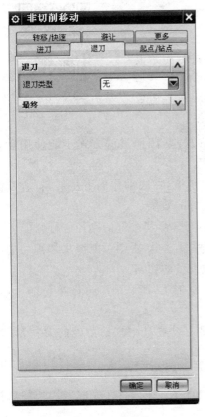

图 6-25 "退刀"选项卡

图 6-26 "转移/快速"选项卡

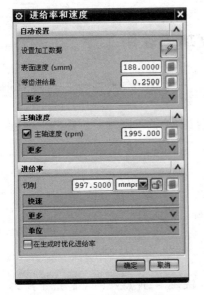

图 6-27 "进给率和速度"对话框

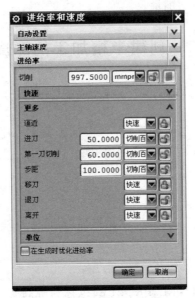

图 6-28 更多

图 6-29 型腔铣刀轨

在完成这个零件的粗加工型腔铣工序前还要进行初始设置。在完成任务过程中需要注意以下几点。

任务 6.1 操作参考.mp4
(28.9MB)

（1）创建坐标系几何体时，由于零件并非在绝对坐标原点位置，因此要使用工作坐标系来创建 MCS。

（2）创建工件几何体时，由于零件模型是曲面模型，因而过滤方式不能使用默认的"实体"来指定部件。

（3）创建毛坯几何体时，在顶部作小量的向上扩展，在底部作向下扩展，符合实际加工时的毛坯状态，并且在可视化的刀轨检验时有更好的效果。

（4）为限定切削范围，指定毛坯的边缘作为修剪边界，将外部的路径进行修剪。

（5）设置切削策略参数时，一定要选择"岛清理"复选框，否则可能产生切削层中岛屿周边大量的残余量未去除，而后续的切削层依次做大量的切削。

（6）在余量设置时，考虑部件的侧面还要做半精加工，而底面不再做半精加工，设置不同的部件余量。

（7）为使切削过程中刀具负荷稳定，须进行拐角设置，设置"拐角处的刀轨形状"为"光顺所有刀路"。

（8）非切削移动的进刀选项设置中，封闭区域采用螺旋下刀方式。

（9）在转移设置中，设置区域内的转移类型为"直接"，使刀具在完成一层切削后抬刀到安全平面，方便在加工过程中对刀具进行检查。

（10）进给率与速度设置时，可以输入刀具推荐的主轴转速与切削进给率，由系统计算得到表面速度与每齿切削量。

任务 6.2　创建半精加工的深度加工轮廓工序

本任务的主要目的是使读者了解深度加工轮廓工序与型腔铣工序的差别，理解陡峭空间范围的含义与设置，能够正确创建深度加工轮廓工序。

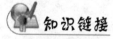

进行粗加工后，为使精加工时余量更加均匀，需要进行半精加工。

知识链接

深度加工轮廓（ZLEVEL_PROFILE）也称为等高轮廓铣，是一种特殊的型腔铣工序，只加工零件实体轮廓与表面轮廓，与型腔铣中指定为轮廓铣削方式加工有点类似。等高轮廓铣通常用于陡峭侧壁的精加工。

等高轮廓铣与型腔铣的差别如下。

（1）等高轮廓铣可以指定陡峭空间范围，限定只加工陡峭区域。

（2）等高轮廓铣可以设置更加丰富的层间连接策略。

（3）等高轮廓铣不需要毛坯，可以直接针对部件几何体生成刀轨。

等高轮廓铣的创建与型腔铣的创建步骤相同，在创建工序时选择子类型为 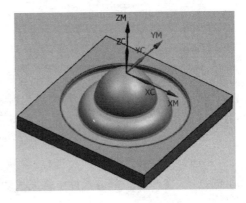，即可创建等高轮廓铣。设置等高轮廓铣工序对话框的相关参数，首先选择几何体，指定刀具，再进行刀轨设置，包括切削层与切削参数、非切削移动、进给和速度等参数组设置，完成所有设置后生成刀轨。

从等高轮廓铣工序对话框看，等高轮廓铣的大部分选项与型腔铣是相同的。

在刀轨设置中，不需要选择切削模式，增加了陡峭空间范围、合并距离、最小切削深度等参数。另外，在切削参数的选项中也有部分参数有所不同。

任务实施：创建半精加工的深度加工轮廓工序

1. 创建工序

单击"创建"工具条上的"创建工序"按钮 ，选择工序子类型为深度加工轮廓，选择刀具为 D12R3，几何体为 MILL_GEOM，方法为 MILL_SEMI_FINISH，如图 6-30 所示。确认各参数后单击"确定"按钮进行工序的创建。

2. 指定切削区域

在"型腔铣"对话框中单击"指定切削区域"按钮 ，在图形区选取除外分型面以外的所有面，如图 6-31 所示。

图 6-30　"创建工序"对话框

图 6-31　指定切削区域

3. 刀轨设置

展开"刀轨设置"参数组,设置每刀的公共深度为"恒定"值 0.6,如图 6-32 所示。

4. 设置切削层

单击"切削层"按钮 ,打开"切削层"对话框,设置切削层为"最优化",如图 6-33 所示。

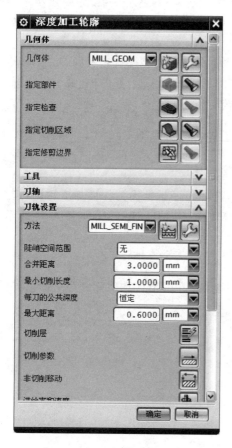

图 6-32　刀轨设置

图 6-33　"切削层"对话框

5. 设置切削参数

在"深度加工轮廓"对话框上选择"切削参数"按钮 ,设置"策略"参数如图 6-34 所示,指定切削方向为"混合",切削顺序为"深度优先"。再单击"余量"选项卡,设置余量与公差参数如图 6-35 所示,设置部件余量为 0.3。

单击"连接"选项卡,设置连接参数如图 6-36 所示,层到层设置为"直接对部件进刀"方式,并选择"在层之间切削"复选框,设置步距为"恒定",最大距离为 8,选择"短距离移动上的进给"复选框。单击鼠标中键完成切削参数返回"型腔铣"对话框。

图 6-34　"策略"选项卡

图 6-35　"余量"选项卡

6. 设置非切削移动

在"型腔铣"对话框上单击"非切削移动"按钮![button]，打开"非切削移动"对话框，设置进刀参数，如图 6-37 所示，开放区域进刀圆弧半径为 3，高度为 0。

图 6-36　"连接"选项卡

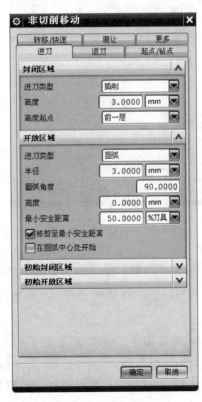

图 6-37　"非切削移动"对话框

单击"转移/快速"选项卡,将区域内的转移方式设置为"抬刀和插削",如图 6-38 所示。设置完成后单击鼠标中键返回"型腔铣"对话框。

7. 设置进给率和速度

单击"进给率和速度"按钮![按钮],弹出"进给率和速度"对话框,输入表面速度为 250,每齿进给量为 0.2,单击"计算"按钮得到主轴速度和切削进给率,如图 6-39 所示,再将数据值取整,如图 6-40 所示,并设置进刀的进给率为 50%的切削进给率,确定返回"型腔铣"对话框。

图 6-38 "转移/快速"选项卡

图 6-39 "进给率和速度"对话框

8. 生成刀轨

在"型腔铣"对话框中单击"生成"按钮![按钮]计算生成刀轨,计算完成刀轨如图 6-41 所示。

9. 确定工序

对刀轨进行检验,图 6-42 所示为 2D 动态检验结果。确认刀轨后单击"型腔铣"对话框底部的"确定"按钮,接受刀轨并关闭对话框。

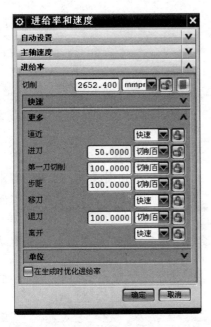

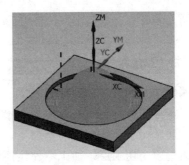

图 6-41　生成刀轨

图 6-40　主轴速度和切削进给率数值取整

图 6-42　2D 动态检验结果

 任务总结

深度加工轮廓工序常用于陡峭壁面的精加工或半精加工,在创建深度加工轮廓工序时需要注意以下几点。

(1) 本任务加工的底部区域会有相对较大的加工余量,因此必须进行半精加工。

任务 6.2 操作参考.mp4

(25.8MB)

(2) 指定切削区域可以只在选择的面上生成刀轨,如本任务中不指定切削区域,将会在水平面上生成刀轨。

(3) 在切削层设置中选择"最优化"选项,系统将根据不同的陡峭程度来设置切削层,使加工后的表面残余相对一致。

(4) 设置切削参数中"连接"选项卡时,选择"在层之间切削"复选框,对浅面区域做加工,使残余量更为均匀。

任务 6.3　创建陡峭壁面精加工的深度加工轮廓工序

 学习目标

本任务的主要目的是使学生掌握深度加工轮廓工序中的陡峭设置,能够正确创建精加工的深度加工轮廓工序。

 任务描述

由于本任务的零件较为复杂,因此需要分区域进行精加工,将加工分为陡峭壁面和浅面区域。首先要完成侧面上的陡峭壁面的精加工。

 知识链接

深度加工轮廓(ZLEVEL_PROFILE)也称为等高轮廓铣,是一种特殊的型腔铣工序,只加工零件实体轮廓与表面轮廓,与型腔铣中指定为轮廓铣削方式加工有点类似。等高轮廓铣通常用于陡峭侧壁的精加工。

通过多个切削层来加工零件表面轮廓。在等高轮廓铣操作中,除了可以指定部件几何体外,还可以指定切削区域作为部件几何体的子集,方便限制切削区域。如果没有指定切削区域,则对整个零件进行切削。在创建等高轮廓铣削路径时,系统自动追踪零件几何,检查几何的陡峭区域,定制追踪形状,识别可加工的切削区域,并在所有的切削层上生成不过切的刀具路径。等高轮廓铣的一个重要功能就是能够指定"陡角",以区分陡峭与非陡峭区域,因此可以分为一般等高轮廓铣和陡峭区域等高轮廓铣。

任务实施:创建陡峭壁面精加工

1. 创建工序

单击"创建"工具条上的"创建工序"按钮 ，选择工序子类型为深度加工轮廓,选择各个组参数,如图 6-43 所示。确认后单击"确定"按钮进行工序的创建。

2. 刀轨设置

展开"刀轨设置"参数组,设置陡峭空间范围为"仅陡峭的",角度为 45,每刀的公共深度为"恒定",最大距离为 0.3,如图 6-44 所示。

图 6-43 "创建工序"对话框

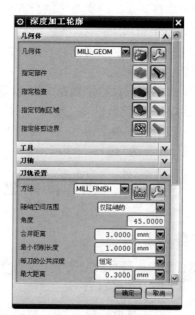

图 6-44 "刀轨设置"参数组

3．设置切削参数

在"型腔铣"对话框上单击"切削参数"按钮 ，打开"切削参数"对话框，设置"策略"选项卡，如图 6-45 所示，指定切削方向为"顺铣"，切削顺序为"深度优先"。再单击"余量"选项卡，设置余量与公差参数如图 6-46 所示，设置内、外公差值均为 0.01。单击"连接"选项卡，设置连接参数如图 6-47 所示，层到层选择"沿部件交叉斜进刀"方式，单击"确定"按钮返回"型腔铣"对话框。

图 6-45 "策略"选项卡

图 6-46 "余量"选项卡

4．设置非切削移动

在"型腔铣"对话框上单击"非切削移动"按钮 ，打开"非切削移动"对话框，设置进刀参数如图 6-48 所示，转移/快速参数如图 6-49 所示，开放区域进刀的圆弧半径为 4。设置完成后单击鼠标中键返回"型腔铣"对话框。

图 6-47 "连接"选项卡

图 6-48 "进刀"选项卡

5. 设置进给率和速度

单击"进给率和速度"按钮 ▣,弹出"进给率和速度"对话框,并设置主轴转速为 3 000,切削进给率为 1 500,如图 6-50 所示,单击"确定"按钮返回"型腔铣"对话框。

图 6-49　"转移/快速"选项卡　　　　图 6-50　"进给率和速度"对话框

6. 生成刀轨

在"型腔铣"对话框中单击"生成"按钮 ▣,计算生成刀轨。计算完成的刀轨,如图 6-51 所示。

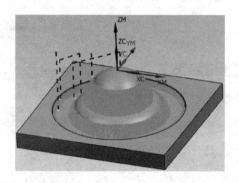

图 6-51　生成刀轨

7. 确定工序

对刀轨进行检验,确认刀轨后单击"型腔铣"对话框底部的"确定"按钮,接受刀轨并关闭对话框。

任务 6.3 操作参考.mp4
(5.57MB)

任务总结

完成本任务时,需要注意以下几点。

(1) 将陡峭空间范围设置为"仅陡峭的",则切削时只加工大于指定角度的峭壁。

(2) 层到层选择"沿部件斜进刀"可以减少抬刀次数,并且减少进刀痕迹。

(3) 进刀时可以设置为圆弧进刀。

任务6.4 创建浅面区域精加工的轮廓区域工序

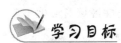

学习目标

本任务的主要目的是使读者了解固定轮廓铣的特点与应用,了解区域铣削的特点与应用,掌握固定轮廓铣的几何体选择,掌握区域铣削驱动方法设置,能够正确创建固定轮廓铣工序,能够合理选择切削模式,创建轮廓区域加工工序,能够通过指定切削区域限制加工范围,能够按需要创建辅助图形进行加工区域的限定。

任务描述

零件侧面的陡峭部分精加工之后,对于非陡峭的部分还需要分成几个部分进行精加工,包括外分型面、内分型面和顶部成形面。

外分型面是一个平面。可以选择的加工工序子类型有很多,本任务选择一种常用的曲面精加工工序——区域铣削进行加工。

由于内分型面较为复杂,是一个环状的区域,因而可以采用径向切削的方法进行精加工。

顶部成形面是侧面精加工时未加工的区域,选择区域铣削加工方法,并且限定范围加工非陡峭的区域。

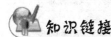

知识链接

6.4.1 固定轮廓铣

固定轮廓铣是 UG NX 8.5 中用于曲面精加工的主要加工方法。其刀轨是由投影驱动点到零件表面而产生。固定轮廓铣的主要控制要素为驱动图形,系统在图形及边界上建立一系列的驱动点,并将点沿着指定向量的方向投影至零件表面,产生刀轨。

固定轮廓通常用于半精加工或者精加工程序,选择不同的驱动方法,并且设置不同的驱动参数,将可以获得不同的刀轨形式。创建固定轮廓铣工序时与型腔铣工序的最大差别在于要选择的驱动方法,根据不同的驱动方法选择驱动几何体,设置驱动方法参数。

6.4.2 区域铣削驱动

区域铣削驱动固定轮廓铣是最常用的一种精加工工序方法,创建的刀轨可靠性好。通过选择不同的图样方式与驱动设置,区域铣削可以适应绝大部分的曲面精加工要求。

在创建工序时,可以直接选择工序子类型为"轮廓区域(CONTOUR_AREA) 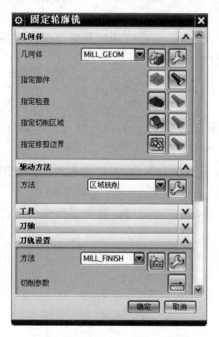",打开"轮廓区域"对话框,如图 6-52 所示。

区域铣削驱动中,允许指定切削区域只在指定的面上生成刀轨,也可以修剪边界几何体以进一步约束切削区域。修剪边界总是封闭的,并且刀具位置始终为"上",可以进行偏置。

在"固定轮廓铣"对话框中,选择驱动方法为"区域铣削",或者在轮廓区域对话框中单击"编辑"按钮 ,弹出如图 6-53 所示的"区域铣削驱动方法"对话框,进行驱动设置,设置的驱动参数将影响最终刀轨的加工质量与加工效率。

图 6-52 "轮廓区域"对话框

图 6-53 "区域铣削驱动方法"对话框

1. 陡峭空间范围

功能:陡峭空间范围参数组可以指定陡角,将切削区域分隔为陡峭区域与非陡峭区域,加工时可以只对其中某个区域进行加工。

设置:在陡峭空间范围中共有 3 个方法,分别叙述如下。

(1) 无:切削整个区域。若不使用陡峭约束,则加工整个工件表面,如图 6-54 所示。

(2) 非陡峭:切削平缓的区域,而不切削陡峭区域,如图 6-55 通常可作为等高轮廓铣的补充。

(3) 定向陡峭:切削大于指定陡峭角的区域,定向切削陡峭区域与切削角有关,切削方向由路径模式方向切削角与 XC 的夹角为 0°。定向陡峭区域陡峭边的切削区域是与进给方向有关的。当使用平行切削时，当切削角度方向与侧壁平行时就不作为陡壁处理，图 6-56 所示为不同方向的陡峭切削区域。

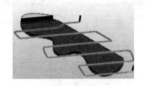

图 6-54　无

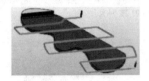

图 6-55　非陡峭

图 6-56　定向陡峭

应用：陡峭区域通常可以使用等高轮廓铣方式进行精加工，而区域铣削可以作为等高轮廓铣的补充。

驱动设置指定了刀轨的切削方式及相关的主要参数，包括切削模式与步距等，将对加工质量与加工效率产生很大的影响。

2. 切削模式

功能：切削模式限定了刀具进给路径的图样与切削方向，与平面铣中的切削模式有点类似。与平面铣切削模式不同的是固定轮廓铣中所有的切削刀具路径是投影到曲面上，而不一定在一个平面上。

设置：图 6-57 所示为切削模式选项，可以选择的切削模式有 16 种之多，除了在平面铣中介绍过的几种模式以外，另外还增加了同心与径向的两种模式，每一模式又有单向、往复、往复上升、单向轮廓、单向步进等进给方向。

（1）轮廓加工

轮廓加工是沿着切削区域的周边生成轨迹的一种切削模式。

（2）切削角度

功能：切削角度用于设置平行线切削路径模式中刀轨的角度。

图 6-57　切削模式

设置：切削角度包括自动、指定、最长的边与矢量 4 个选项。当切削模式选择单向、往复、往复上升、单向轮廓、单向步进时，陡峭空间范围方法选择"无"与"非陡峭"时，会出现四种生成的刀轨，如图 6-58(a)、(b)、(c)、(d)所示，陡峭空间范围方法选择"定向陡峭"时，会出现三种生成的刀轨，如图 6-58(e)、(f)、(g)所示。

（3）刀路方向

功能：指定由内"向外"或者由外"向内"产生刀轨。

当切削模式选择同心单向、同心往复、同心单向轮廓、同心单向步进。陡峭空间范围方法选择"无"与"非陡峭"和"定向陡峭"时，会出现两种生成的刀轨，如图 6-59 所示。

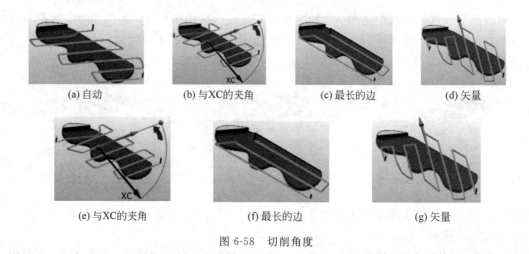

(a) 自动　　(b) 与XC的夹角　　(c) 最长的边　　(d) 矢量

(e) 与XC的夹角　　(f) 最长的边　　(g) 矢量

图 6-58　切削角度

（4）阵列中心

功能：阵列中心用于径向模式，指定放射的中心点。

设置：阵列中心使用"自动"，系统将自动确定最有效的位置作为路径中心点。当选择"指定"时，则可以在图形上选择点，或者使用点构造器指定一点为路径中心点。当切削模式选择径向单向、径向往复、径向单向轮廓、径向单向步进。陡峭空间范围方法选择"无"与"非陡峭"和"定向陡峭"时，会出现两种生成的刀轨，如图 6-60 所示。

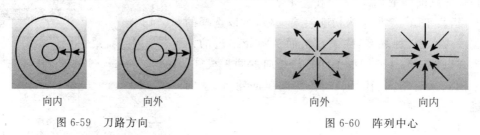

向内　　向外　　　　　　向外　　向内

图 6-59　刀路方向　　　　　　图 6-60　阵列中心

3. 步距

功能：步距用于指定相邻两条刀轨的横向距离，既切削宽度。

设置：步距设定可以选择恒定、残余高度、刀具平面直径的百分比、可变、变量平均值、角度等。与平面铣中对应的方式相同。

角度参数仅用于径向切削模式，是通过指定一个角度来定义一个恒定的步距，它不考虑在径向线外端的实际距离。

4. 步距已应用

设置：可以选择"在平面上"或"在部件上"来应用步距。

（1）在平面上，步距是在垂直于刀具轴线的平面上，即水平面内测量的 2D 步距，"在平面上"适用于坡度改变不大的零件加工。

（2）在部件上，步距是沿着部件测量的 3D 步距，可以对部件几何体较陡峭的部分维持更紧密的步距，以实现整个切削区域的切削余量相对均匀。

应用：切削模式为轮廓、同心圆或者径向时，步距只能应用在平面上。

当步距设置采用"可变"方式时，也只能应用在平面上。

任务实施：创建轮廓区域工序

1. 创建外分型面的轮廓区域工序

1）创建工序

单击工具条上的"创建"按钮 ，打开"创建工序"对话框，如图 6-61 所示，选择工序子类型为 ，再选择刀具为 D8R4，并设置其他位置参数组，确定后单击"确定"按钮，打开"轮廓区域"对话框，如图 6-62 所示。

图 6-61　"创建工序"对话框

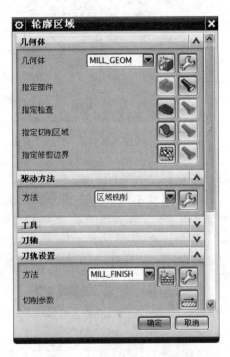

图 6-62　"轮廓区域"对话框

2）指定切削区域

在"轮廓区域"对话框中单击"指定切削区域"按钮 ，系统打开"切削区域几何体"对话框，拾取外分型面，如图 6-63 所示，单击鼠标中键，返回"轮廓区域"对话框。

3）设置驱动参数

在"轮廓区域"对话框中，驱动方法已选择为"区域铣削"，单击"编辑参数"按钮 ，系统弹出"区域铣削驱动方法"对话框，如图 6-64 所示。设置陡峭空间范围为"无"，对整个零件进行加工，选择切削模式为"往复"，设置步距为"刀具平直百分比"，平面直径百分比设置为 50，步距已应用设置为"在平

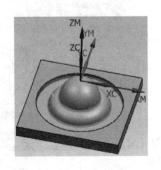

图 6-63　指定切削区域

面上"。完成后单击"确定"按钮返回"轮廓区域"对话框。

4）设置非切削参数

在"轮廓区域"对话框中单击"非切削移动"按钮，弹出"非切削移动"对话框。设置进刀参数，选择进刀类型为"插削"，进刀位置为"距离"，高度为2，如图6-65所示，单击"确定"按钮完成非切削参数的设置，返回"轮廓区域"对话框。

图 6-64 "区域铣削驱动方法"对话框

图 6-65 "非切削移动"对话框

5）设置进给率和速度

单击"进给率和速度"按钮，弹出"进给率和速度"对话框，设置主轴转速为3 000，切削进给率为1 200，如图6-66所示。单击鼠标中键返回"轮廓区域"对话框。

6）生成刀轨

在"轮廓区域"对话框中单击"生成"按钮，计算生成刀轨。产生的刀轨如图6-67所示。

图 6-66 "进给率和速度"对话框

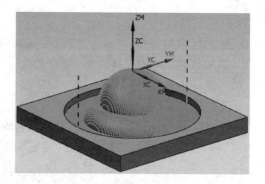

图 6-67 生成刀轨

7）确定工序

确认刀轨后单击"轮廓区域"对话框底部的"确定"按钮，接受刀轨并关闭"轮廓区域"对话框。

2. 创建顶部缓坡面的轮廓区域工序

1）创建工序

单击工具条上的按钮 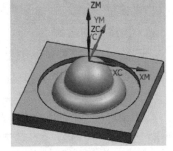 "创建工序"，打开"创建工序"对话框，选择工序子类型为 ，再选择刀具为 D16R8，并设置其他位置参数，如图 6-68 所示。单击"确定"按钮打开"轮廓区域"对话框，如图 6-69 所示。

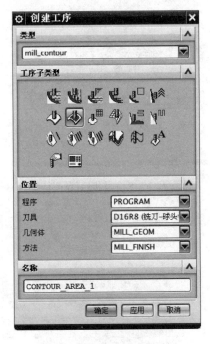

图 6-68　"创建工序"对话框

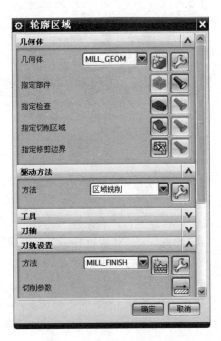

图 6-69　"轮廓区域"对话框

2）指定切削区域

在"轮廓区域"对话框单击"指定切削区域"按钮 ，系统打开"切削区域几何体"对话框，在图形区拾取凸模的成形部分曲面，如图 6-70 所示。单击鼠标中键完成切削区域选择，返回"轮廓区域"对话框。

3）设置驱动参数

在"轮廓区域"对话框中，驱动方法已选择为"区域铣削"，单击"编辑参数"按钮 ，系统弹出"区域铣削驱动方法"对话框，如图 6-71 所示进行参数设置，设置陡峭空间范围方法为"非陡峭的"，陡角为 45，选择模式为"跟随周边"，设置步距为"残余高度"，最大残余高度值为 0.3，步

图 6-70　指定切削区域

距已应用"在部件上"。完成后单击"确定"按钮,返回"轮廓区域"对话框。

4)设置进给率和速度

单击"进给率和速度"按钮![icon],弹出"进给率和速度"对话框,设置主轴速度为3 000,切削进给率为1 000,如图6-72所示,单击鼠标中键返回"轮廓区域"对话框。

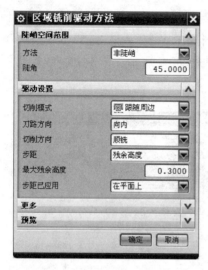

图6-71　"区域铣削驱动方法"对话框

图6-72　"进给率和速度"对话框

5)生成刀轨

在"轮廓区域"对话框中单击"生成"按钮![icon],计算生成刀轨。产生的刀轨如图6-73所示。

6)确定工序

确认刀轨后单击"轮廓区域"对话框底部的"确定"按钮,接受刀轨并关闭"轮廓区域"对话框。

3. 创建内分型面的轮廓区域工序

1)创建工序

单击工具条上的"创建"按钮![icon],打开"创建工序"

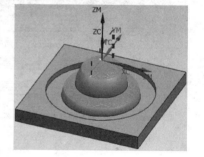

图6-73　生成刀轨

对话框,选择工序子类型为![icon],如图6-74所示,确认各选项后单击"确定"按钮打开"轮廓区域"对话框。

2)指定切削区域

在"轮廓区域"对话框中单击"指定切削区域"按钮![icon],系统打开"切削区域几何体"对话框,拾取分型面及圆角面,如图6-75所示。单击鼠标中键,返回"轮廓区域"对话框。

3)设置驱动参数

在"轮廓区域"对话框中,驱动方法选择为"区域铣削",单击"编辑参数"按钮![icon],系统弹出"区域铣削驱动方法"对话框,如图6-76所示进行参数设置。设置陡峭空间方法为"无",对整个零件进行加工。选择模式为"径向/往复",设置步距为"恒定",最大距离为0.3。

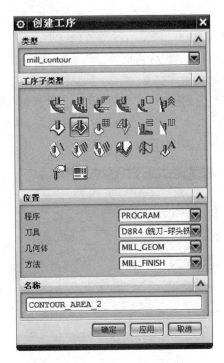

图 6-74 "创建工序"对话框

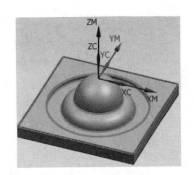

图 6-75 选择切削区域

4）指定阵列中心

将阵列中心的设置为"指定"，单击指定点选项，在图形上选择 MCS 坐标系的原点，如图 6-77 所示。

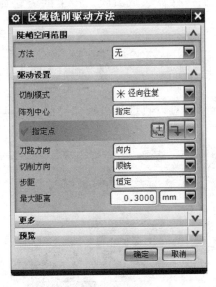

图 6-76 "区域铣削驱动方法"对话框

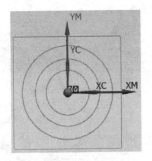

图 6-77 指定阵列中心

5）预览驱动路径

在"区域铣削驱动方法"对话框的预览参数组下，单击"显示"按钮，在图形上显示驱动路径，如图 6-78 所示，单击鼠标中键按钮返回"轮廓区域"对话框。

6）设置非切削参数

在"轮廓区域"对话框中单击"非切削移动"按钮 ，弹出"非切削移动"对话框。设置进刀参数，选择进刀类型为"插削"，进刀位置为"距离"，高度为 2mm，如图 6-79 所示，单击"确定"按钮完成非切削参数的设置，返回"轮廓区域"对话框。

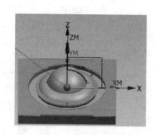

图 6-78　预览驱动路径

图 6-79　"非切削移动"对话框

7）设置进给率和速度

单击"进给率和速度"按钮 ，弹出"进给率和速度"对话框，设置主轴速度为 3 000，切削进给率为 1 000。单击鼠标中键返回"轮廓区域"对话框。

8）生成刀轨

在"轮廓区域"对话框中单击"生成"按钮 计算生成刀轨。产生的刀轨如图 6-80 所示。

9）确定工序

确认刀轨后单击"轮廓区域"对话框底部的"确定"按钮，接收刀轨并关闭工序对话框。

10）可视化检验

显示工序导航器，选择所有工序再进行确认，对刀轨进行可视化检验。图 6-81 所示为 2D 动态检验结果。

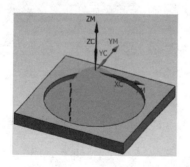

图 6-80　生成刀轨

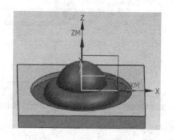

图 6-81　2D 动态检验结果

11）保存文件

单击工具栏上的"保存"按钮 ，保存文件。

任务 6.4 操作参考.mp4

（37.5MB）

在完成本任务过程中，需要注意以下几点。

（1）平面通常可以单独进行精加工，因为平面精加工时可以采用相对较大的步距。

（2）外分型面加工中，指定切削区域，使其仅加工这个平面。

（3）外分型面加工中，非切削移动设置进刀为"插削"，沿着垂直方向下刀。

（4）陡坡面采用区域轮廓方式比深度加工方式有更好的效果，残余量较为均匀。

（5）顶部缓坡面加工中，需要指定切削区域，否则将在外分型面及内分型面上生成刀轨。

（6）顶部缓坡面加工中，设置非陡峭空间范围的方法为"非陡峭的"，只加工浅面区域。

（7）顶部缓坡面加工中，陡角为45，在侧面精加工时陡角为44，有一定的重叠量，保证加工不留残余，接刀自然。

（8）顶部缓坡面加工中，步距应用在部件上，生成的刀轨余量相比应用在平面上要更为均匀。

（9）内分型面轮廓区域工序中，需要指定切削区域，只在内分型面部分区域生成刀轨，指定切削区域时要将圆角面选上。

（10）对于环形的区域，采用径向的切削模式进行加工更加有效率。

（11）对于"径向"或者"同心圆"方式的区域铣削驱动，通常需要通过预览驱动路径来确定阵列中心的位置是否正确。

拓展知识：固定轮廓铣的清根驱动

清根切削沿着零件表面的凹角和凹谷生成驱动路径，清根切削常用来去除前面加工中因使用了较大直径的刀具而在凹角处留下的较多残料。另外，清根切削也常用于半精加工，以减小精加工时转角部位余量偏大带来的不利影响。

清根铣削中，一般使用球头刀，而不用平底刀或者牛鼻刀。这是因为使用平底刀或者牛鼻刀很难获得理想的刀轨。

1. 三种清根方法

在"轮廓铣"对话框中，可以选择三种清根方法为"单刀路清根""多刀路"和"参考刀具偏置"。设置对话框中的各个选项后，单击"确定"按钮，返回"轮廓铣"对话框进行设置并生成刀轨。在清根驱动的方法对话框中，要将加工区域陡峭程度进行划分，并且可以分别设置非陡峭切削与陡峭切削的切削模式等参数。

1）单刀路

在"创建工序"对话框中,工序子类型中选择单刀路清根按钮,直接创建"单刀路"的清根驱动固定轮廓铣工序,如图 6-82 所示。生成的刀轨如图 6-83 所示。

2）多刀路

在"创建工序"对话框中,工序子类型中选择多刀路清根按钮,直接创建"多刀路"的清根驱动固定轮廓铣工序,如图 6-84 所示,单击"非切削移动"按钮,打开"转移/快速"选项卡,如图 6-85 所示,生成的刀轨如图 6-86 所示。

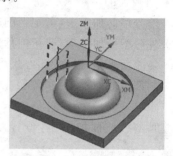

图 6-83　"单刀路"示例

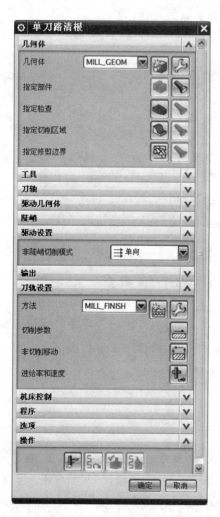

图 6-82　"单刀路清根"对话框

图 6-84　"多刀路清根"对话框

图 6-85 "转移/快速"选项卡

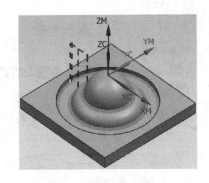

图 6-86 "多刀路"刀轨示例

3）参考刀具偏置

在"创建工序"对话框中，工序子类型中选择参考刀具偏置按钮，直接创建"参考刀具偏置"的清根驱动固定轮廓铣工序，如图 6-87 所示。单击"非切削移动"按钮，打开"转移/快速"选项卡，如图 6-88 所示。在"清根参考刀具"对话框中，单击"编辑参数"按钮，系统弹出"清根驱动方法"对话框，单击参考刀具新建刀具按钮，新建刀具，即直径必须大于原有刀具的直径，然后单击"确定"按钮，生成的刀轨如图 6-89 所示。

图 6-87 "清根驱动"对话框

图 6-88 "转移/快速"选项卡

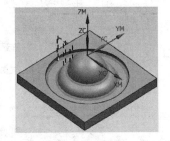

图 6-89 刀轨示例

在"创建工序"对话框中，可以在工序子类型中选择，直接创建"单刀路""多刀路"和"参考刀具偏置"的清根驱动固定轮廓铣工序。

2. 驱动参数设置

在"清根驱动方法"对话框中,需要设置的驱动参数包括以下几项。

1)驱动几何体

功能:驱动几何体通过参数设置的方法来限定切削范围。

(1)最大凹腔

决定清根切削刀轨生成所基于的凹角。刀轨只在那些等于小于最大凹角的区域生成。当刀具遇到那些在零件表面上超过了指定最大值的区域,将回退或转移到其他区域。

(2)最小切削长度

当切削区域小于所设置的最小切削长度,那么在该处不生成刀轨。这个选项在排除圆角交线处产生的非常短的切削移动是非常有效的。

(3)连接距离

将小于连接距离的断开的两个部分进行连接,两个端点的连接是通过线性扩展两条轨迹得到的。

2)陡峭空间范围

功能:指定陡角来区分陡峭区域与非陡峭区域,加工时将根据加工区域倾斜的角度来确定使用非陡峭切削或者陡峭切削方法。

应用:指定角度后,再根据指定的切削方法来确定是否生成刀轨。

3)非陡峭切削

设置:选择"多刀路"或者"参考刀具偏置"时,需要设置驱动参数,包括切削模式、步距与顺序。

(1)非陡峭切削:可以选择"无",不加工非陡峭区域。清根类型为"单刀路"时,只能选择"单向";清根类型为"多刀路"时,可以选择"单向""往复""往复上升";清根类型为"参考刀具偏置"时,除了可以选择"单向""往复""往复上升"外,还可以选择"单向横向切削""往复横向切削""往复上升横向切削"。选择的切削模式决定加工时的进给方式。

(2)切削方向:可以选择"混合"进行双向的加工,也可以指定为"顺铣"或"逆铣"。

(3)步距与每侧步距数:步距指定相邻的轨迹之间的距离。可以直接指定距离,也可以使用刀具直径的百分比来指定。每侧步距数是在清根类型为"多刀路"时设定的偏置数目。

(4)顺序:决定切削轨迹被执行的次序。顺序有以下6个选项,如图6-90所示。

① 由内向外。刀具由清根刀轨的中心开始,沿凹槽切第一刀,沿步距向外侧移动,然后刀具在两侧间交替向外切削。

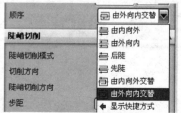

图6-90　顺序

②　由外向内。刀具由清根切削刀轨的侧边缘开始切削，沿步距向中心移动，然后刀具在两侧间交替向内切削。

③　后陡。是一种单向切削，刀具由清根切削刀轨的非陡壁一侧移向陡壁一侧，刀具穿过中心。

④　先陡。是一种单向切削，刀具由清根切削刀轨的陡壁一侧移向非陡壁一侧。

⑤　由内向外交替。刀具由清根切削刀轨的中心开始，沿凹槽切第一刀，再向两边切削，并交叉选择陡峭方向与非陡峭方向。

⑥　由外向内交替。刀具由清根切削刀轨的一侧边缘开始切削，再切削另一侧，类似于按环绕切削方式切向中心。

4）陡峭切削

设置：指定陡峭区域的切削模式与参数，它与非陡峭切削基本相似。在陡峭切削模式设置中可以选择"无"，不加工陡峭区域；选择"同非陡峭"，采用与非陡峭区域相同的切削模式。此外，也可以指定单独的切削模式。

陡峭切削方向，可以选择"混合"或者"高到低"只向下，而"低到高"只向上。

5）参考刀具

功能：指定参考刀具的大小，并且可以指定一个重叠距离。

（1）参考刀具直径：通过可以指定一个参考刀具（前面加工用的刀具）直径，以刀具与零件产生双切点而形成的接触线来定义加工区域。所指定的刀具直径必须大于当前使用的刀具直径。

（2）重叠距离：扩展通过参考刀具直径沿着相切面所定义的加工区域的宽度。

3.　清根驱动的固定轮廓铣工序的创建实例

下面以本模块中的内分型面外侧圆角部分为例来说明清根驱动的固定轮廓铣工序的创建。

由于零件模型使用曲面设计，并且由多个曲面拼接而成，在拼接处会有误差，并且创建清根工序时在某些部位也会产生刀轨，而这个刀轨实际上并不需要。因此，要先创建一个边界，在创建工序时，以这个边界来修剪掉内部的刀轨，只生成沿侧边的刀轨。

1）创建辅助线

在主菜单上选择"插入"→"曲线"→"圆弧"→"圆"，在对话框中选择类型为"从中心开始的圆弧/圆"，指定半径为150，限制为"整圆"，如图6-91所示，指定MCS原点为圆心创建圆，如图6-92所示。

2）创建工序

单击"创建"工具条上的"创建工序"按钮 ，打开"创建工序"对话框。如图6-93所示，选择工序子类型为"清根参考刀具" ，指定刀具为D8R4球头铣刀，单击"确定"按钮，打开"清根参考刀具"对话框，如图6-94所示。

图 6-91　圆

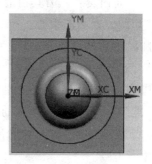

图 6-92　创建圆

图 6-93　"创建工序"对话框

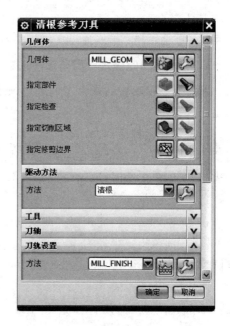

图 6-94　"清根参考刀具"对话框

3）指定修剪边界

在"清根参考刀具"对话框上单击"指定修剪边界"按钮 ，打开"修剪边界"对话框，选择过滤器类型为"边"$\int$，指定修剪侧为"内部"，如图 6-95 所示，拾取刚才绘制的圆为修剪边界，如图 6-96 所示。

4）驱动方法设置

驱动方法选择为"清根"，单击"编辑参数"按钮 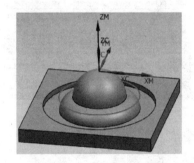，弹出"清根驱动方法"对话框，从上到下进行驱动几何体、驱动设置、陡峭空间范围、非陡峭切削、陡峭切削、参考刀具、输出参数组的设置，如图 6-97 所示。

图 6-95　修剪边界

图 6-96　指定修剪边界图

设置：清根类型为"参考刀具偏置"，陡峭空间范围的陡角为 45，非陡峭区域切削模式为"往复"，切削方向为"混合"，步距为 0.3，顺序为"由外向内交替"，陡峭切削模式为"同非陡峭"，单击参数刀具新建刀具按钮，新参考刀具直径为 16，在"铣刀—球头铣"对话框中，在尺寸中的球直径改写为 16，重叠距离为 1。

5）设置非切削参数

在"固定轮廓铣"对话框中单击"非切削移动"按钮，则弹出"非切削移动"对话框。设置进刀类型为"插铣"，高度为 5，如图 6-98 所示，打开转移/快速，如图 6-99 所示，单击"确定"按钮完成非切削参数的设置，返回"固定轮廓铣"对话框。

6）设置进给率和速度

单击"进给率和速度"按钮，则弹出"进给率和速度"对话框，设置主轴转速为 4 000，切削进给率为 1 000，如图 6-100 所示。单击鼠标中键返回"固定轮廓铣"对话框。

图 6-97   "清根驱动方法"对话框

图 6-98   进刀

图 6-99   转移/快速

图 6-100   "进给率和速度"对话框

7）生成刀轨

在"固定轮廓铣"对话框中单击"生成"按钮 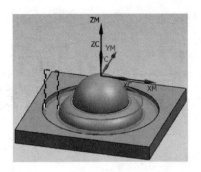，计算生成刀轨。生成的刀轨如图 6-101 所示。

图 6-101　生成刀轨

实战训练：固定轴轮廓铣编程加工

打开固定轴轮廓铣模型文件 D:\anli\6-yl.prt，如图 6-102 所示，操作编程的基本过程，包括创建程序、创建刀具、创建加工方法和创建几何体，练习定义坐标系、安全平面、毛坯几何体，创建固定轴轮廓铣操作、选择驱动方法、定义刀具轴控制、生成刀轨、仿真模拟和生成 G 代码等。

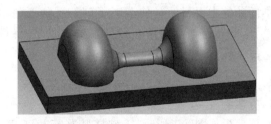

图 6-102　固定轴轮廓铣编程加工练习

孔加工
——定位台板自动编程加工

本模块要求完成一个定位台板的加工,由于加工孔的数量与类型较多,故采用钻孔、铰孔、锪孔等多种数控加工方式进行加工,通过本模块的学习,使读者掌握 UG NX 编程中孔加工的创建与应用。

任务 7.1　创建钻孔加工的钻工序

 学习目标

本任务的主要目的是使读者了解钻孔加工的功能,掌握钻孔刀具的参数设置,能够正确设置钻孔循环参数,能够正确设置钻孔刀轨参数,能正确选择钻孔点,能够创建钻孔工序。

 任务描述

定位台板如图 7-1 所示,工件材料为 45♯钢,工件的所有表面都已加工完成。工件由 UG 建模模块构建的三维实体模型,工件坐标系原点建立在模型的顶面中心处。

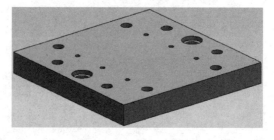

图 7-1　定位台板

　　工件毛坯的尺寸为 200mm×200mm×25mm，上、下平面及周边均已加工完毕。工件上有 6 个 φ6 通孔，其中通孔直接采用"啄钻"方法钻通，然后铰孔即可；8 个 φ13 深孔，而深孔为不通孔，在钻孔后还需要铰孔精加工，可以选用 φ12.6 钻头将 8 个深孔进行钻削加工至 18 深度，由于深度较大，应该采用"啄钻"方法。完成钻孔后，再进行深孔的铰孔加工；2 个 φ16 台阶孔，选用 φ16 钻头，用"啄钻"方法钻通，然后再选用 D24 锪孔钻头，用"沉头孔加工"方法进行钻削至 4.8 深度。

　　在工艺分析中已经明确了所使用的刀具，可以事先将刀具全部选定好，以便在创建加工操作时直接调用。

　　设定 1 号刀具(钻头)：直径 5.8、长度 70、刃口长度 50、刀具号 1。

　　设定 2 号刀具(铰刀)：直径 6、刀夹直径 4、长度 70、刃口长度 50、拔模角 0、尖顶长度 1、刃数 4、刀具号 2。

　　设定 3 号刀具(钻头)：直径 12.6、长度 70、刃口长度 50、刀具号 3。

　　设定 4 号刀具(铰刀)：直径 13、刀夹直径 9、长度 80 刃口长度 60、拔模角 0、刀具号 4。

　　设定 5 号刀具(钻头)：直径 16、长度 70、刃口长度 50、刀具号 5。

　　设定 6 号刀具(锪孔钻头)：直径 24、下半径 1、长度 75、刃口长度 50、刀具号 6。

 知识链接

7.1.1　钻孔加工工序的创建

　　UG NX 的钻孔加工可以创建钻孔、铰孔、锪孔等工序的刀轨。使用 CAM 软件进行钻孔程序的编程，可以直接生成完整程序，特别是孔的数量较大时自动编程有明显的优势。另外，对孔的位置分布较复杂的工件，使用 UG NX 可以生成一个程序，完成所有孔的加工，而使用手工编程的方法较难实现。

　　进入"加工环境"对话框，可以在"要创建的 CAM 设置"栏下选择 drill 选项，再进行初始化。也可以在创建刀具、创建几何体或者创建工序时，在"类型"栏下选择 drill 选项，调用钻孔加工的相应模板。图 7-2 所示为"加工环境"对话框。

　　创建钻孔工序的步骤如下。

1. 创建钻孔工序

　　在"创建工序"对话框的"类型"下拉列表中选择 drill 选项，并设置工序子类型及各个位置参数，如图 7-3 所示。单击"确定"按钮打开"啄钻"对话框。

2. 设置循环类型

　　在如图 7-4 所示的"啄钻"对话框中，展开"循环

图 7-2 "加工环境"对话框

类型"参数组,再进行每个循环参数的设置。选择的循环类型将决定输出的钻孔固定循环G 代码指令,在循环参数设置中,有深度、进给率、暂停、退刀和步进等选项。

图7-3　创建钻孔工序

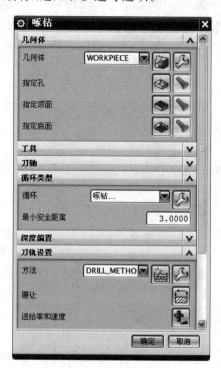

图7-4　"啄钻"对话框

3. 选择钻孔加工几何体

钻孔加工的几何体包括钻孔点与表面、底面,其中钻孔点是必选的,选择钻孔点时可以指定不同的循环参数组。

4. 设置工序参数

在"啄钻"对话框中设置钻孔的相关参数,如最小安全距离、深度偏置,并设置避让、进给率和速度等参数。在啄钻工序中,没有铣削工序中的切削参数与非切削移动的参数设置。

5. 生成刀轨

参数设置完成后,进行刀轨的生成。检验并确认后,单击"确定"按钮关闭"啄钻"对话框。

7.1.2　指定孔

钻孔加工几何体的设置与铣削加工的几何体设置是完全不同的,钻孔加工需要确定孔中心的位置以及其起始位置与终止位置。

钻孔加工几何体的设置,包括几何体组的选择与孔、顶面和底面的选择,其中孔是必须选择的,而顶面和底面则是可选项。

在"钻孔"加工工序对话框中,单击"指定孔"按钮 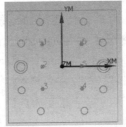,弹出如图7-5所示的"点到点几何体"对话框,利用此对话框中相应选项可指定钻孔加工的加工位置、优化刀轨、指定避让选项等。

1. 选择

功能:选择点,指定孔中心位置,可以通过多种方法选择点。

应用:在如图7-5所示的对话框中单击"选择"选项,弹出如图7-6所示的"选择加工位置"对话框。可以直接在图形上选择钻孔点。此时可以直接在图形上选择孔、圆弧或者点作为钻孔点,完成选择后单击"确定"按钮退出,在孔位上将显示序号,如图7-7所示。在选择点时可以指定选项进行孔的选择。

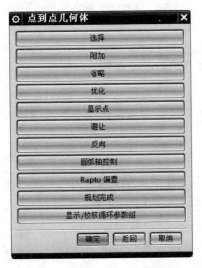

图7-5　"点到点几何体"对话框

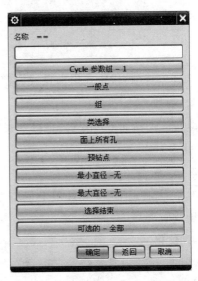

图7-6　"选择加工位置"对话框

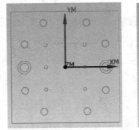

图7-7　选择钻孔点

(1) Cycle 参数组-1

选择当前点所使用的参数组,指定不同的参数组可以对应于不同的循环参数。

(2) 一般点

选择"一般点"选项,将弹出"点构造器"对话框,通过在图形上拾取特征点或者直接指定一个点作为加工位置。如图7-8所示,当工件进行钻孔加工时,可以在"点构造器"对话框指定圆心点方法,再拾取各个圆心点。

（3）面上所有孔

选择该选项，可以指定其直径范围。若直接在模型上选择表面，则所选表面上各孔的中心被指定为加工位置点，如图 7-9 所示。

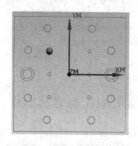

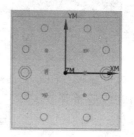

图 7-8　拾取圆心点　　　　图 7-9　选择面上有关孔

（4）预钻点

选择该选项，指定在平面铣或者型腔铣中产生的预钻进刀点作为加工位置点。

2. 附加

功能：选择加工位置后，可以通过"附加"选项添加钻孔点。附加的选择方法与选择点相同。

3. 省略

功能："省略"选项允许用于忽略之前选定的点。生成刀轨时，系统将不考虑在省略选项中选定的点。

4. 优化

功能：优化刀具路径，是重新指定所选加工位置在刀具路径中的顺序。通过优化可得到最短刀具路径或者按指定的方向排列。

5. 显示点

功能：显示点允许用户在使用附加、忽略、避让或优化选项后验证刀轨点的选择情况。系统按新的顺序显示各加工点的加工顺序。

7.1.3　顶面与底面

指定钻孔点时，默认的起始高度为点所在的高度，当需要从统一高度开始加工时，可以使用顶面指定起始位置。

指定底面则指定最低表面，当钻孔循环参数的深度选项设置为"穿过底面"时，需要以底面为参考。

1. 指定顶面

功能：顶面是刀具进入材料的位置，也就是指定钻孔加工的起始位置。选择的点将沿着刀轴矢量方向投影到顶面上。

设置：在"钻孔"对话框中单击"指定顶面"按钮 ☻，弹出如图 7-10 所示的"顶面"对话框。在"顶面选项"中可以选择 4 种顶面指定方法。

（1）"🔲 面"——在图形上选择面。

（2）"🔲 平面"——指定一个平面。

（3）"⊘ 无"——不使用平面。

（4）"🔾 ZC 常数"——直接指定坐标系。

2．指定底面

功能：指定钻孔加工的结束位置。

设置：在"钻孔"对话框中单击"指定底面"按钮 ◈ ，弹出如图 7-11 所示的"底面"对话框。也可以使用"面""平面""ZC 常数""无"四种指定方法，图 7-12 所示为指定底面及顶面的孔加工刀轨示例。

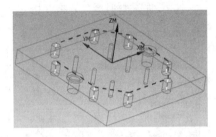

图 7-10　"顶面"对话框　　　　图 7-11　"底面"对话框　　　　图 7-12　指定底面及顶面的孔加工刀轨示例

7.1.4　钻孔加工的刀具

钻孔加工所使用的刀具与铣削加工不同。按照钻孔类型的不同，可以使用的钻孔刀具包括：中心钻、钻刀、铰刀、镗刀、丝锥、铣刀等。

选择"创建刀具"选项，打开"创建刀具"对话框，选择刀具类型为 drill，则可以创建钻孔加工用的各种刀具，如图 7-13 所示。各种钻孔刀具的参数类似，主要涉及刀具直径与刀尖角两个参数。图 7-14 所示为钻刀参数设置，与铣刀设置不同的主要尺寸中的部分选项。

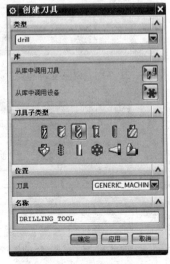
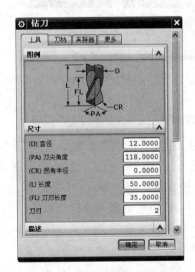

图 7-13　"创建刀具"对话框　　　　　　图 7-14　设置钻刀参数

1. 直径

直径是指钻刀的直径,是刀具完整切削加工部分的直径。

2. 刀尖角度

刀尖角度是刀具顶端的角度。这是一个非负角度。该角度的设置使钻刀的底端成一个尖锐点。

7.1.5 钻孔加工的循环参数设置

在"钻孔"对话框的循环类型选项下拉列表中有14种循环类型,如图7-15所示。

选择循环类型后,或者直接单击后边的"编辑"按钮 ,可以进行循环参数的设置。首先要指定参数组的个数(Number of Sets),如图7-16所示。然后为每个参数组设置相关的循环参数,如图7-17所示。设置好一个循环参数组中的各个参数后,单击"确定"按钮进入下一组参数设置。

在设置多个循环参数组时,允许将不同的"循环参数"值与刀轨中不同的点或点群相关联。这样就可以在同一刀轨中钻不同深度的多个孔,或者使用不同的进给速度来加工一组孔,以及设置不同的抬刀方式。

如图7-17所示,循环参数包括深度、进给率、暂停时间、CAM、退刀至等。其中CAM表示一个Z轴不可编程的机床刀具深度预设置的位置,只在机床及后处理器支持时应用。

图7-15　循环类型

图7-17　设置循环参数

图7-16　指定参数组的个数

1. 深度

功能:指定孔的底部位置。

设置:在"Cycle深度"设置对话框中选择Depth选项,弹出如图7-18所示的"Cycle深度"对话框。系统提供了六种确定钻削深度的方法。

各种钻削深度的定义方法说明如下。

(1) 模型深度

该方法指定钻削深度为实体上的孔的深度。选择

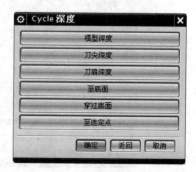

图7-18　"Cycle深度"对话框

"模型深度"选项,系统会自动计算出实体上的孔的深度并将其作为钻削深度。

（2）刀尖深度

沿着刀轴矢量方向,按加工表面到刀尖的距离确定钻削深度。选择该深度确定方法,在弹出的"深度"对话框中输入一个正数作为钻削深度。

（3）刀肩深度

沿着刀轴矢量方向,按刀肩（不包括尖角部分）达到位置确定切削深度。使用该方式加工的深度将是完整直径的深度。

（4）到底面

该方法沿着刀轴矢量方向,按刀尖正好到达零件的加工底面来确定钻削深度。

（5）穿过底面

如果要使刀肩穿透零件加工底面,可在定义加工底面时,用 Depth Offset 选项定义相对于加工底面的通孔穿透量。

（6）到选定点

该方法沿着刀轴矢量方向,按零件加工表面到指定点的 ZC 坐标之差确定切削深度。

2. 进给率

功能：进给率参数用来设置刀具钻削时的进给速度,对应于钻孔循环中的 F 指令。

设置：在"Cycle 参数"设置对话框中选择"进给率"选项,弹出如图 7-19 所示的"Cycle 进给率"对话框。

3. 暂停

功能：暂停时间是指刀具在钻削到孔的最深处时的停留时间,对应于钻孔循环指令中的"P"。

设置：在"Cycle 参数"对话框中选择 Dwell 选项后,弹出如图 7-20 所示的 Cycle Dwell 对话框,各选项说明如下。

（1）关：该选项指定刀具钻到孔的最深处时不暂停。

（2）开：该选项指定刀具钻到孔的最深处时停留指定的时间,它仅用于各类标准循环。

（3）秒：该选项指定暂停时间的秒数。

（4）转：该选项指定暂停的转数。

图 7-19 "Cycle 进给率"对话框

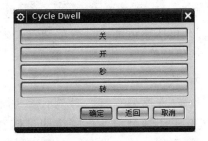

图 7-20 Cycle Dwell 对话框

4. 退刀至

功能："退刀至"表示刀具钻至指定深度后,刀具回退的高度。

图 7-21　"退刀至"选项

设置："退刀至"有 3 个选项如图 7-21 所示。

（1）距离：可以将退刀距离指定为固定距离。

（2）自动：可以退刀至当前循环之前的上一位置。

（3）设置为空：退刀到最小安全距离。

应用：设置回退高度时必须考虑其安全性，避免在移动过程中与工件或夹具产生干涉。

5．步进

功能：步进值仅用于钻孔循环为"标准断屑钻"或"标准钻"，"深孔"方式表示每次工进的深度值，对应于钻孔循环中的 Q 指令。

6．复制上一组参数

功能：设置多个循环参数时，在后一组参数设置时可以通过"复制上一组参数"来延用上一组的深度、进给率、退刀等参数，再根据需要进行修改。

7.1.6　钻孔工序参数设置

"钻"对话框除了几何体、工具、机床控制、程序、选项等参数组以外，还包括刀轴、循环类型、深度偏置、刀轨设置参数组，如图 7-22 所示。

1．刀轴

功能：此参数为刀具轴指定一个矢量（从刀尖到刀夹的方向），可通过使用"垂直于部件表面"选项在每个 Goto 点处计算出一个垂直于部件表面的"刀具轴"。

设置：在 3 轴钻孔加工中，通常只能使用"+ZM 轴"。

2．最小安全距离

功能：最小安全距离指定切削速度指定转换点，刀具由快速运动或进刀运动改变为切削速度运动。该值既是指令代码中 R 值。

3．深度偏置

设置"深度偏置"值，对于不通孔加工，"盲孔余量"指定钻不通孔时底面保留的材料量；对于通孔加工，通孔安全距离设置的刀具穿过加工底面的穿透量，以确保孔被钻透。

4．避让

功能：避让是指定钻孔加工前后的一些非切削

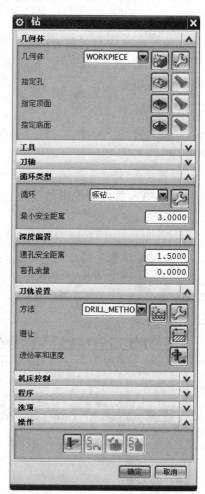

图 7-22　"钻"对话框

移动。

设置：避让选项如图 7-23 所示，包括："From 点"(从点)、Start Point(起始点)、Return Point(返回点)、"Gohome 点"(终止点)、Clearance Plane(安全平面)、Lower Limit Plane(低限平面)等选项。通常只需要设置 Clearance Plane(安全平面)选项。

5. 进给率和速度

功能：设置钻孔加工的主轴转速与进给率。

设置：进给率选项中，由于钻孔加工运动相对简单，所以参数相对平面铣工序要少，没有第一切削以及初始切削进给率选项。图 7-24 所示为"进给率和速度"对话框中的钻孔加工的进给率选项。

图 7-23　避让

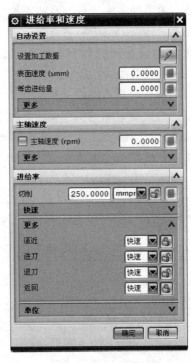

图 7-24　钻孔加工的进给率

7.1.7　孔加工工艺

1. 孔加工的特点

孔一般作为轴承、轴、定位销、螺栓等零件的装配部位，起到固定、定位、连接等作用。常见的圆柱孔主要有通孔、不通孔、台阶孔及深孔。在零件上按孔之间的相互位置可分为平行孔系、同轴孔系和交叉孔系。

2. 孔加工的工艺

（1）加工方案

在数控机床上，内孔表面的加工方法有钻孔、扩孔、铰孔、镗孔、攻螺纹及铣孔等，选用时可参照表 7-1 所示方案。

表 7-1　孔加工方案

精度等级	孔径/mm	孔加工方案
IT9	$D<10$	钻-铰
	$10<D<30$	钻-扩
	$D>30$	钻-镗

（2）进退刀方式

通孔：加工完毕后可直接退刀。

不通孔：加工完毕后在孔底需要暂停，暂停后退刀。

钻孔：孔加工完毕后可直接退刀。

深孔：（深径比值大于 5）间歇进给。

（3）加工路线

铣削内孔时也要遵循从切向切入的原则，最好安排从圆弧过渡到圆弧的加工路线，这样可以提高内孔表面的加工精度和加工质量。

钻孔、扩孔、铰孔、锪孔、镗孔加工动作：起始面定位→快速下降到中间平面（R 平面）→孔加工→孔底动作→退刀至 R 平面→返回起始平面。

（4）孔加工的切削用量

在孔加工中，切削用量的简易选取方法是采用估算法。使用高速钢刀具时，切削速度选取 20～25m/mm。表 7-2 所示的是高速钢钻头钻孔的切削用量。

表 7-2　高速钢钻头钻孔的切削用量

工件材料名称	切削用量	钻头直径 d/mm			
		1～6	6～12	12～22	22～50
45♯钢	Uc/(m/mm)	8～25			
	F/(mm/r)	0.05～0.1	0.1～0.2	0.2～0.3	0.3～0.45

任务实施：创建定位台板孔加工工序

1. 创建ϕ5.8钻通孔加工工序

（1）创建钻孔加工工序

打开文件 D:\anli\7-dwtb.prt，单击"创建"工具条上的"创建工序"按钮 ，系统打开"创建工序"对话框。如图 7-25 所示，选择类型为 drill，再选择工序子类型为 （啄钻），创建一个钻孔加工工序。确认各选项后单击"确定"按钮，打开"啄钻"对话框，如图 7-26 所示。

图 7-25　"创建工序"对话框

图 7-26　"啄钻"对话框

（2）新建刀具

在"啄钻"对话框上单击"刀具"选项组将其展开，单击新建刀具按钮，打开"新建刀具"对话框，如图 7-27 所示，选择刀具子类型为 drill，单击"确定"按钮进入"钻刀"参数对话框，设置钻刀直径为 5.8，如图 7-28 所示。单击"确定"按钮完成刀具创建，返回"啄钻"对话框。

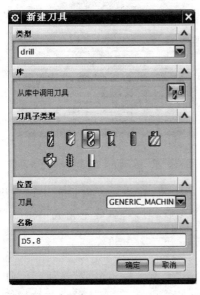

图 7-27　"新建刀具"对话框

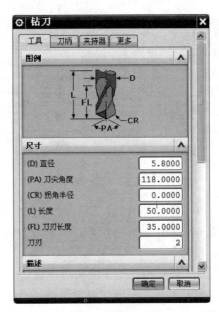

图 7-28　设置钻刀参数

（3）选择循环类型

在"啄钻"对话框中，从"循环"下拉列表中选择"啄钻，断屑，标准钻…"选项，如图7-29所示。

（4）指定参数组

在 Number of Sets（参数组数）后面文本框中输入数字2，如图7-30所示，使用两个循环参数组。

图7-29　选择循环方式　　　　　　　　　　　　图7-30　设置参数组

（5）设置循环参数组1

系统弹出"Cycle 参数"对话框，如图7-31所示，单击"Depth-模型深度"按钮。选择深度指定为"刀肩深度"如图7-32所示，指定刀肩深度值为25，如图7-33所示，单击"确定"按钮，系统返回上一级对话框。

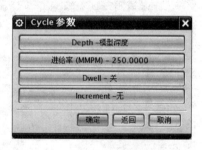

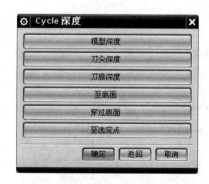

图7-31　循环参数1　　　　　　　　　　　　图7-32　深度选项

在"Cycle 参数"对话框中单击"进给率（MMPM）"按钮，在进给率对话框中设置进给率为60，如图7-34所示，单击"确定"按钮返回"Cycle 参数"对话框，确定完成第1组循环参数设置。

（6）设置参数组2的循环参数

打开参数2的循环参数设置，如图7-35所示，单击"复制上一组参数"按钮，复制前一组的参数。再单击 Depth(Shouldr)-25.0000 按钮，如图7-36所示，单击"确定"按钮后，再单击"确定"按钮，显示如图7-37所示。

图 7-33　指定深度

图 7-34　设置进给率

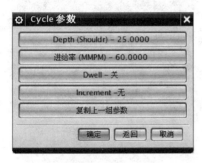

图 7-35　循环参数 2

图 7-36　深度选项

（7）指定孔

在"啄钻"对话框中单击"指定孔"按钮 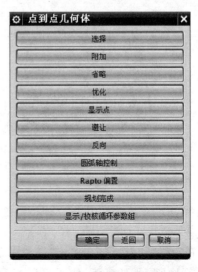，弹出如图 7-38 所示的"点到点几何体"对话框；单击"选择"按钮，弹出如图 7-39 所示的对话框。在图形上拾取 6 个 ϕ6 通孔，如图 7-40 所示。单击"Cycle 参数-1"按钮，选择"参数组 2"，如图 7-41 所示，在选择对话框中将显示为"Cycle 参数-2"。单击"面上所有孔"选项，在"直径限制"对话框中指定直径为 5.8，加工后留有 0.2mm 的精加工余量，如图 7-42 所示。拾取顶面，如图 7-43 所示。完成选择后单击鼠标中键确认钻孔点的选择，则在选择的钻孔点上显示，如图 7-44 所示。

图 7-37　设置循环参数

图 7-38　"点到点几何体"对话框

图 7-39　"选择"对话框

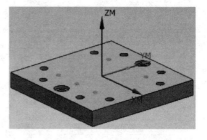

图 7-40　选择孔

图 7-41　选择参数组

图 7-42　指定直径

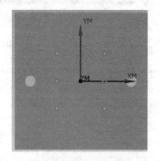

图 7-43　选择通孔

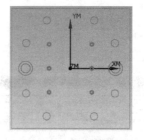

图 7-44　显示钻孔点

（8）指定底面

在"啄钻"对话框中，单击"指定底面"按钮 ，选择底面选项为"面"，如图 7-45 所示。在图形上选取零件底面，如图 7-46 所示，单击鼠标中键确定底面选择。

图 7-45　底面

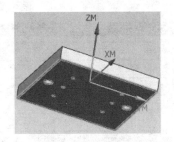

图 7-46　选取底面

（9）刀轨设置

在"啄钻"对话框中设置参数，如图 7-47 所示，设置最小安全距离为 3，通孔安全距离为 1.5。

（10）设置进给率和速度

单击"进给率和速度"按钮，弹出"进给率和速度"对话框，如图 7-48 所示，设置主轴转速为 500，进给率为 70，单击鼠标中键返回"啄钻"对话框。

图 7-47　"啄钻"对话框

图 7-48　"进给率和速度"对话框

（11）设置避让

在"啄钻"对话框上单击"避让"按钮，打开"避让"选项设置对话框，如图 7-49 所示。选择"Clearance Plane-无"（安全平面）选项，弹出"安全平面"对话框，如图 7-50 所示，单击"指定"按钮弹出"平面"对话框，如图 7-51 所示，设置安全平面高度为 50，图形上显示的安全平面位置如图 7-52 所示。连续单击鼠标中键返回"啄钻"对话框。

（12）生成刀轨

在"啄钻"对话框中单击"生成"按钮，计算生成刀轨。计算完成的刀轨如图 7-53 所示。

图 7-49　"避让"对话框

图 7-50　"安全平面"对话框

图 7-51　"平面"对话框

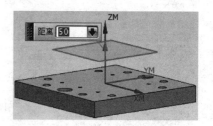

图 7-52　安全平面

（13）检验刀轨

在图形区通过旋转、平移、放大视图及转换视角，再单击"重播"按钮 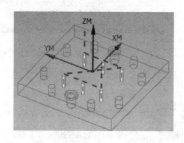 回放刀轨。可以从不同角度对刀轨进行查看。图 7-54 所示为等角视图下重播的刀轨。

图 7-53　钻孔刀轨

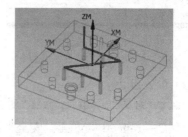

图 7-54　检验刀轨

（14）确定工序

确认刀轨后单击"啄钻"对话框底部的"确定"按钮，接受刀轨并且关闭"啄钻"对话框。

2. 创建ϕ6铰孔加工工序

（1）创建钻孔加工工序

单击创建工具条上的"创建工序"按钮![icon]，打开"创建工序"对话框，选择"类型"为drill，单击"确定"按钮创建一个钻孔加工工序。

（2）新建刀具

在"啄钻"对话框中单击"刀具"选项将其展开，单击"刀具后新建"按钮![icon]，打开"新建刀具"对话框，选择刀具子类型为![icon]（铰刀），如图7-55所示，单击"确定"按钮进入"钻刀"参数对话框，设置钻刀直径为6，如图7-56所示。设置完成后单击"确定"按钮完成刀具创建，返回"啄钻"对话框。

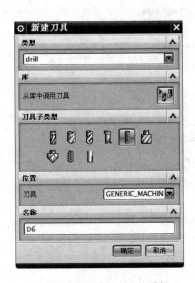

图7-55 "新建刀具"对话框

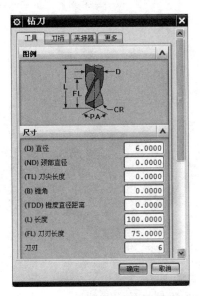

图7-56 设置钻刀参数

（3）选择循环类型

在"啄钻"对话框中，从"循环类型"下拉列表中选择"啄钻"选项，如图7-57所示。系统打开"参数组"设置对话框，默认参数组为1，单击"确定"按钮进入"Cycle参数"设置对话框，如图7-58所示，直接单击"确定"按钮返回"啄钻"对话框。

图7-57 选择循环方式

图7-58 循环参数

（4）指定孔

单击"啄钻"对话框中的"指定孔"按钮，以设定钻孔加工位置。系统弹出"点到点几何体"对话框，单击"选择"按钮，系统弹出"点位选择"对话框，在图形上拾取中间 6 个 $\phi6$ 的通孔，如图 7-59 所示。

（5）刀轨设置

在"啄钻"对话框中设置参数，如图 7-60 所示，设置"最小安全距离"为 3，"通孔安全距离"为 1.5。

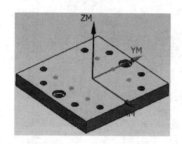

图 7-59　选择通孔

图 7-60　"钻"对话框

（6）设置进给率和速度

单击"进给率和速度"按钮，弹出"进给率和速度"对话框，如图 7-61 所示，设置"主轴速度"为 200，进给率为 150，单击鼠标中键返回"啄钻"对话框。

（7）设置避让

在"啄钻"对话框上单击"避让"按钮，打开避让选项，如图 7-62 所示。单击"Clearnce Plane-无"（安全平面）选项，弹出"安全平面"对话框，如图 7-63 所示，单击"指定"按钮，弹出"平面"对话框，拾取顶面，并指定偏置为 20，如图 7-64 所示。连续单击鼠标中键返回到"啄钻"对话框。

（8）生成刀轨

在"啄钻"对话框中单击"生成"按钮，计算生成刀轨。计算完成的刀轨如图 7-65 所示。

（9）确定工序

确认刀轨后单击"啄钻"对话框底面的"确定"按钮，接受刀轨并关闭"啄钻"对话框。

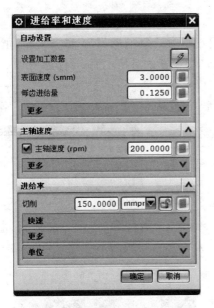

图 7-61 设置进给

图 7-62 "避让"对话框

图 7-63 "安全平面"对话框

图 7-64 指定安全平面

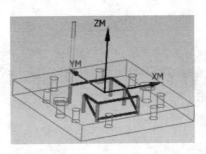

图 7-65 钻孔刀轨

3. 创建 ϕ 12.6 钻深度孔加工工序

设定几何体与 ϕ6 通孔的加工完全相同,设定钻削方式等的操作与 ϕ6 通孔的加工完全相同,选择刀具是 D12.6 钻头,与在"Cycle 参数"中设置的有所不同,具体如下。

（1）选择循环类型

在钻孔工序对话框的循环类型选项下拉列表中选择"啄钻"选项,如图 7-66 所示。

（2）深度

在"Cycle 参数"对话框中单击"Depth-模型深度"按钮。选择深度指定为"刀肩深度"深度值为 18,如图 7-67 所示。

（3）进给率

在"Cycle 参数"对话框中单击"进给率"按钮,在"Cycle 进给率"对话框中设置进给率为 50,如图 7-68 所示。

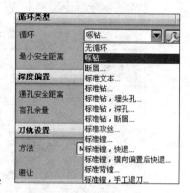

图 7-66　循环方式

图 7-67　指定深度

图 7-68　设置进给率

（4）设置安全平面

将安全平面高度设置为 20 即可。

（5）设置主轴速度

打开"进给率和速度"对话框,将"主轴速度"项选中,设定为 800。

（6）生成刀轨

在"啄钻"对话框中单击"生成"按钮 ,计算生成刀轨。计算完成的刀轨如图 7-69 所示。

4. 创建 ϕ 13 铰孔加工工序

前面已有创建 ϕ6 铰孔加工工序,而创建 ϕ13 铰孔加工工序与创建 ϕ6 铰孔加工工序有许多相似之处,不同之处是铰孔直径和孔的深度。所以,在这里将不再一一阐述。只用如图 7-70 所示的 ϕ13 铰孔刀轨图作说明。

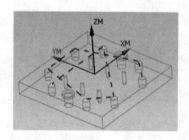

图 7-69　ϕ12.6 钻孔刀轨

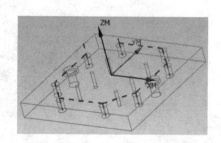

图 7-70　ϕ13 铰孔刀轨

5. 创建φ16 钻孔加工工序

前面已介绍创建φ5.8 钻孔和φ12.6 钻孔的加工工序,而创建φ16 钻孔加工工序与创建 φ5.8 钻孔和φ12.6 钻孔加工工序有许多相似之处,不同之处是钻孔直径和孔的深度。所以,这里不再一一阐述,只用如图 7-71 所示的φ16 钻通孔刀轨图与图 7-72 仿真加工图作说明。

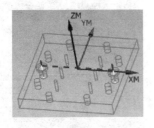

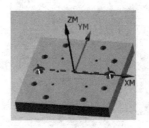

图 7-71　生成的φ16 通孔刀轨　　　　图 7-72　φ16 通孔仿真加工

6. 创建φ24 沉孔加工工序

(1) 创建几何体

创建机床坐标系,将默认的机床坐标系向 ZC 方向偏置,偏置值为 13,在工序导航器中单击坐标系节点前的"＋",双击节点 WORKPIECE,系统弹出"工件"对话框。在"工件"对话框中单击 按钮,系统弹出"部件几何体"对话框。选取全部零件为部件几何体,如图 7-73 所示。在"部件几何体"对话框中单击"确定"按钮,完成部件几何体的创建,同时系统返回"啄钻"对话框。

在"部件几何体"对话框中单击 按钮,系统弹出"毛坯几何体"对话框,在装配导航器中将 截面 1 (工作) 调整到隐藏状态,将 截面 2 (工作) 调整到显示状态,在图形区中选取 截面 2 (工作) 毛坯几何体,如图 7-74 所示,然后单击"毛坯几何体"对话框中的"确定"按钮,返回"啄钻"对话框。

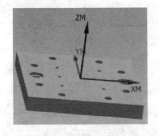

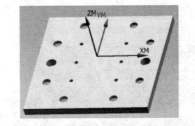

图 7-73　部件几何体　　　　　　　图 7-74　毛坯几何体

单击"啄钻"对话框中的"确定"按钮,然后在装配导航器中将 截面 1 (工作) 调整到显示状态,将 截面 2 (工作) 调整到隐藏状态。

(2) 创建刀具

在菜单中,选择"插入"→ 命令,系统弹出如图 7-75 所示的"创建刀具"对话框。在"创建刀具"对话框"类型"下拉列表中选择 drill 选项,在"刀具子类型"区域单击按钮 ,

在"名称"文本框中输入 D24,单击"确定"按钮,系统弹出如图 7-76 所示的"铣刀-5 参数"对话框,在"铣刀-5 参数"对话框中的"直径"文本框中输入 24,在"(R1)下半径"文本框中输入 1.0,其他参数采用系统默认值,单击"确定"按钮。

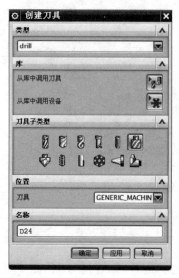

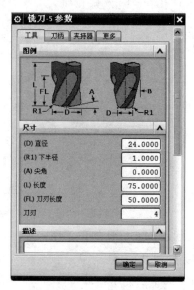

图 7-75 "创建刀具"对话框   图 7-76 "铣刀-5 参数"对话框

（3）创建沉孔加工工序

在菜单中,选择"插入"→ 📐工序命令,弹出如图 7-77 所示的"创建工序"对话框。在"创建工序"对话框的"工序子类型"区域单击按钮 🔩,在"刀具"下拉列表中选用前面设置的刀具 D24,在"几何体"下拉列表中选择 WORKPIECE 选项,其他参数采用系统默认值,单击"确定"按钮,弹出如图 7-78 所示的"沉头孔加工"对话框。

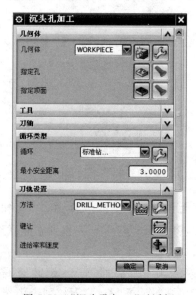

图 7-77 "创建工序"对话框   图 7-78 "沉头孔加工"对话框

（4）指定加工点

① 单击"沉头孔加工"对话框"指定孔"右侧的按钮 ，弹出"点到点几何体"对话框，单击"一般点"按钮，弹出"点"对话框。

② 在图形中选取如图 7-79 所示的孔，然后选择所要加工的点，单击"点"对话框中的"确定"按钮，被选择的两个孔被自动编号，完成后单击"点到点几何体"对话框中的"确定"按钮，返回"沉头孔加工"对话框。

（5）指定顶面

单击"沉头孔加工"对话框"指定顶面"右侧的按钮，系统弹出"顶面"对话框。在"顶面"对话框中的"顶面选项"下拉列表中选择"面"选项，选取如图 7-80 所示的面为顶面。单击"顶面"对话框中的"确定"按钮，返回"沉头孔加工"对话框。

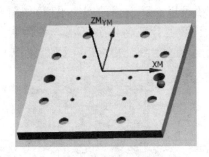

图 7-79 指定加工孔位置

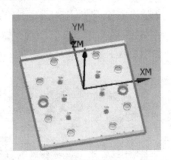

图 7-80 指定顶面

（6）设置刀轴

选择系统默认的＋ZM 轴作为要加工孔的轴线方向。

（7）设置循环控制措施

在"沉头孔加工"对话框"循环类型"区域的"循环"下拉列表中选择"标准钻"选项，单击"编辑参数"按钮，系统弹出"指定参数组"对话框。

在"指定参数组"对话框中采用系统默认的参数设置值，单击"确定"按钮，弹出"Cycle 参数"对话框，单击"Depth 模型深度"按钮，弹出如图 7-81 所示的"Cycle 深度"对话框。

在"Cycle 深度"对话框单击"刀尖深度"按钮，弹出如图 7-82 所示的"深度"对话框，在其中的文本框中输入 4.8，单击"确定"按钮，返回"Cycle 深度"对话框。

图 7-81 "Cycle 深度"对话框

图 7-82 "深度"对话框

单击"Cycle 参数"对话框中的"Rtrcto-无"按钮,弹出一个对话框。单击"距离"按钮,弹出"退刀"对话框,在文本框中输入 20.0,单击"确定"按钮,返回"Cycle 参数"对话框。在"Cycle 参数"对话框中单击"确定"按钮,返回"沉头孔加工"对话框。

(8) 设置最小安全距离

在"沉头孔加工"对话框中的"最小安全距离"文本框中输入 3.0。

(9) 设置避让

单击"沉头孔加工"对话框中的按钮 ▨,弹出"避让几何体"对话框,单击"避让几何体"对话框中的"Clearance Plane-无"按钮,弹出"安全平面"对话框。单击"安全平面"对话框中的"指定"按钮,弹出"平面"对话框,选取如图 7-83 所示的平面为参照平面,在"偏置"区域"距离"文本框中输入 10,单击"确定"按钮,返回"安全平面"对话框并创建一个安全平面,单击"安全平面"对话框中的"显示"按钮可以查看创建的安全平面,如图 7-84 所示。单击"安全平面"对话框中的"确定"按钮,返回"避让几何体"对话框,然后单击"避让几何体"对话框中的"确定"按钮,完成安全平面的设置,并返回"沉头孔加工"对话框。

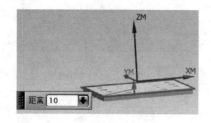
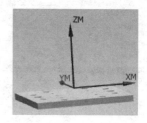

图 7-83　选取参照平面　　　　　　　图 7-84　定义安全平面

(10) 设置进给率和速度

单击"沉头孔加工"对话框中的"进给率和速度"按钮 ▧,弹出"进给率和速度"对话框。在"进给率和速度"对话框中选中"主轴速度"复选框,然后在其文本框中输入600.0,按 Enter 键,然后单击按钮 ▣,在"切削"文本框中输入进给率值 100.0,按 Enter 键,然后单击按钮 ▣,其他参数采用系统默认值。

(11) 生成刀轨并仿真

生成的刀轨如图 7-85 所示,2D 动态仿真加工后结果如图 7-86 所示。

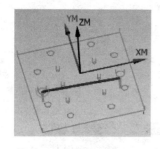

图 7-85　沉头孔刀轨　　　图 7-86　2D 动态仿真加工结果　　　任务 7.1 操作参考.mp4

(61.3MB)

 **任务总结**

钻工序用于创建各种孔加工的工序,在创建钻孔工序及完成本任务时需要注意以下几点。

(1)钻孔工序创建中指定钻孔点时需要指定参数组。

(2)钻孔深度较大时,应该选择啄钻方式进行加工,在选择循环类型时应选择"啄钻"或者"标准钻"。

(3)循环参数中可以设置每一参数组的进给率,而在刀轨设置中设置的进给率将作为通用的进给率。

(4)在创建钻孔工序时,最好指定安全平面,保证在钻孔加工之前在安全平面上移动到钻孔位置。

(5)钻孔时需要指定钻孔刀具,而对于实际生成的刀轨而言,使用的刀具并不影响最后的刀轨。

(6)对于采用单一参数组的钻孔工序,先指定钻孔点再进行循环参数设置或者先设置循环参数再指定孔并不影响生成的刀轨。

(7)循环参数中的回退参数如果设置为"无",一定要确认在所有孔之间不存在凸出的材料或者夹具等干涉因素。

(8)在铰削不通孔时,必须要在孔底部留有余量,以免堵塞。

(9)在钻孔加工中,虽然创建了工件几何体,但在进入任何方式的钻削对话框后,仍要对孔、部件表面和底面进行一一设定,不可缺少。孔的设定是要确定加工孔的水平位置;表面的设定是要确定加工孔所在的平面;底面的设定是指孔深所在平面。

(10)在钻削加工中刀具的选择比较复杂,应根据加工孔的类型、尺寸、精度、深度而定。在选择刀具类型时一般应遵循这样一些原则:对精度高的孔,在精加工时应选择铰刀、镗刀;精度低的孔或孔的粗加工可以直接选择钻头,但当孔径较大时可选择端铣刀或者铰刀;加工定位中心(工艺)孔时要选择中心钻。对钻削刀具参数的设置要谨慎,要考虑刀具的直径、刀具长度、刃口长度、刀具刃数、刀具尖端顶角等。

(11)钻孔方式的选择主要取决于加工孔的长径比,一般来说,当长度与直径的比值小于2时,选择标准钻方式即可。大于2时,就要考虑选择断屑钻或者啄钻方式,其目的就是为了排屑更顺畅。此外,当零件的材料黏度大时也要考虑这一点。断屑钻与啄钻都是每钻进一定的深度后,钻头要退回一段距离再继续钻。两者所不同的是,回退的距离不同,断屑钻的回退距离是从钻进深度位置算起;而啄钻的回退距离是从加工孔的零件平面算起的。标准钻没有回退的动作。

实战训练：夹具基座编程加工

打开夹具基座模型文件 D:\anli\7-jjjz.prt，如图 7-87 所示，操作编程的基本过程，包括创建程序、创建刀具、创建加工方法和创建几何体，练习定义坐标系、安全平面、毛坯几何体，创建可变轮廓铣操作、选择驱动方法、定义刀具轴控制、生成刀轨、仿真模拟和生成 G 代码等。

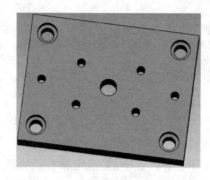

图 7-87 夹具基座编程加工练习

雕刻加工
——工作室标牌自动编程加工

本模块使用"文字雕刻",需要直接在部件上加工制图文字,"文字雕刻"与制图注释完全关联。从主菜单条中选择"插入"→"注释"命令来创建"制图"注释。可以选择"编辑"→"文本"命令来编辑现有的注释。文字雕刻可分别采用平面文本和轮廓文本加工方式进行。通过本模块的学习,掌握 UG NX 8.5 软件编程中雕刻加工不同驱动方法的指定与工序的创建。

任务8.1　创建平面文本铣削工序

 学习目标

掌握平面文本铣削加工几何体的选择方法,能够合理设置平面文本铣削的刀轨参数。

 **任务描述**

创建平面文本铣削工序,要求利用 UG NX 8.5 完成"自主创新工作室"标牌(如图 8-1 所示)的数控自动编程加工。零件材料为铝,毛坯为压铸件。

图 8-1　"自主创新工作室"标牌

由于工作室标牌"自主创新工作室"文字雕刻深度一致,放置位置为标牌基体,且基体为一等高体上面,故采用平面文本铣削加工。

知识链接

平面文本铣削工序用于生成沿文本曲线加工的刀轨,将制图文本的曲线离散后投影到底面上生成刀轨。

平面文本铣削生成的刀轨与标准驱动的平面铣类似,程序描述的是刀具中心轨迹,文字宽度由刀具直径决定。而且平面文本铣削是从底面开始加工,向下加工一个指定的文本深度。

选择平面铣的子类型为(PLANAR_TEXT)创建平面文本铣削工序,可以进行文字雕刻加工。打开的"创建工序"对话框如图 8-2 所示。

8.1.1　几何体的选择

应用:文本铣削的加工对象只有文本和底面选项,在平面文本工序对话框中单击"文本几何体"按钮,打开"文本几何体"对话框,如图 8-3 所示。直接在图形上拾取注释文字。

图 8-2　"创建工序"对话框

图 8-3　"文本几何体"对话框

文本几何体可以选择在制图模块中创建的文本,或者使用"插入注释"功能创建的文本,但不能使用建模模块曲线命令中的文字功能创建的文字。

8.1.2　文本深度

应用:在"平面文本"对话框中,需要设置文本深度值,这个深度值是文本加工到底面以下的深度距离。文本深度较大时,可以设置每刀深度进行分次加工,与面铣削的设置方法相同。

任务实施:"自主创新工作室"标牌平面文本铣削工序

1. 创建刀具

打开文件 D:\anli\8-gzsbp.prt,在工具条上单击"创建刀具"按钮 <img>,指定刀具类型为 mill-planar,刀具子类型为"中心钻"刀具,名称为 Drill-D8-1d2,单击"确定"按钮进入"铣刀-5 参数"对话框,设置中心钻直径 1 为 8、直径 2 为 2、角度为 180,单击"确定"按钮创建一个刀具。

2. 建文本铣削工序

单击创建工具条上的"创建工序"按钮 <img>,工序子类型为"平面文本" <img>,选择刀具为 Drill-D8-1d2,确认各选项后单击"确定"按钮,打开"平面文本"对话框,如图 8-4 所示。

3. 指定制图文本

在"平面文本"对话框的主界面上单击"指定制图文本"按钮 **A**,系统打开"文本几何体"对话框。在图形上选择注释文字"自主创新工作室"。

4. 指定底面

在"平面文本"对话框中单击"指定底面"按钮 <img>,弹出"平面构造"对话框选择长方形顶平面部分并单击"确定"按钮,完成底面的设置,如图 8-5 所示。

5. 刀轨设置

在"平面文本"对话框中进行刀轨设置,设置文本深度为 1,每刀切削深度为 0.25 如图 8-6 所示。

6. 设置非切削移动

单击"非切削移动"按钮 <img>,打开"非切削移动"对话框设置进刀参数如图 8-7 所示,设置进刀类型为"插削",高度为 0.5;进退类型为"抬刀",高度为 50;转移/快速设置为"自动平面",安全距离设置为 3,单击"确定"按钮,完成非切削移动设置。

图 8-4　"平面文本"对话框

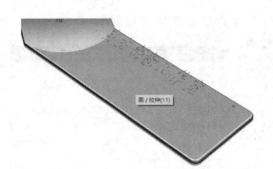

图 8-5 指定底面

图 8-6 刀轨设置

图 8-7 "非切削移动"对话框

7. 设置进给率和速度

单击"进给率和速度"按钮 🔧，弹出"进给率和速度"对话框，设置主轴速度为 4 000，切削进给率为 200。展开"更多"选项，设置进刀速度为 30% 的切削进给率。单击"确定"按钮返回"平面文本"对话框。

8. 生成刀轨

在"平面文本"对话框中单击"生成"按钮 🏁，计算生成刀轨，产生的刀轨如图 8-8 所示。

9. 确定工序

确认刀轨后单击"平面文本"对话框底部的"确定"按钮，接受刀轨并关闭对话框。

10. 后处理生成 G 代码

在导航器相应刀轨上右击，在弹出的快捷菜单中单击"后处理"按钮，打开"后处理"对话框，如图 8-9 所示，进行设置，单击"确定"按钮开始处理。

图 8-8　生成刀轨

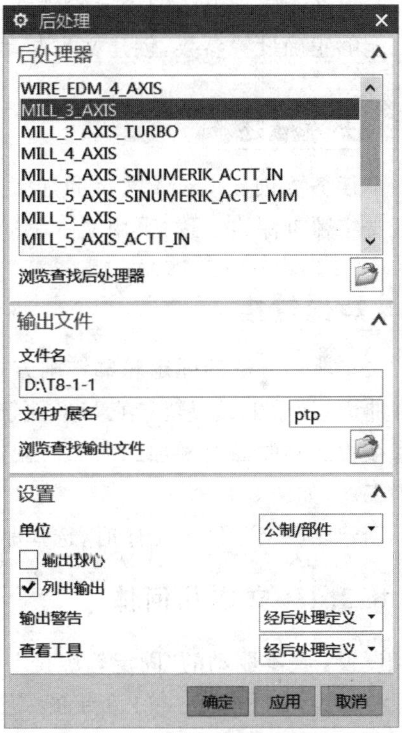

图 8-9　"后处理"对话框

完成后处理生成的程序显示在文本文件中。

11. 保存文件

单击工具栏上的"保存"按钮，保存文件。

任务 8.1 操作参考.mp4

(23.3MB)

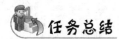

任务总结

UG 平面文字加工直接利用平面铣中提供的文字走刀方式进行加工。实际上等于切削模式的标准驱动，让刀具与边界的位置为对中，沿着字的笔画加工。其中刀具使用沿外形或直接下刀，抬刀使用直接抬刀，因此可以避免过切的发生。

文本几何体可以选择在制图模块中创建的文本，或者使用"插入注释"功能创建的文本，但不能使用建模模块曲线命令中的文字功能创建的文字。

任务 8.2 创建文本驱动的固定轮廓铣削工序

学习目标

了解文本驱动方法的固定轮廓铣削工序的特点与应用。

能够正确设置参数，创建文本驱动的固定轮廓铣。

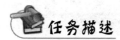

任务描述

本任务要创建 CAM 文字的加工工序，由于 CAM 雕刻加工在球冠表面基体上。为保证文字雕刻深浅一致，采用文本驱动方法的固定轮廓铣削加工方式进行。

知识链接

文本驱动方法的固定轮廓铣削方式以注释文本为驱动几何体，生成驱动点并投影到部件曲面，最后生成刀轨。它与平面铣中的文本铣削的区别在于：固定轮廓铣削中的文本将被投影到曲面上来加工曲面。创建工序时工序子类型选择 ，将直接创建轮廓文本铣削工序，如图 8-10 所示。

创建轮廓文本铣削工序时，选择驱动方法为"文本"。

8.2.1 文本几何体

设置：文本驱动的"固定轮廓铣"对话框中将出现"指定制图文本"几何体按钮 **A**，单击该按钮，将弹出如图 8-11 所示的"轮廓文本"对话框，在图形上拾取注释文字，完成后单击"确定"按钮返回"固定轮廓铣"对话框。

8.2.2 文本深度

设置：在"轮廓文本"对话框的刀轨设置中直接设置文本深度，或者在切削参数中设置文本深度以控制加工深度。

应用：文本深度较大时，应该进行多层的切削，可以在多刀路上进行设置。完成其他参数设置后生成刀轨。

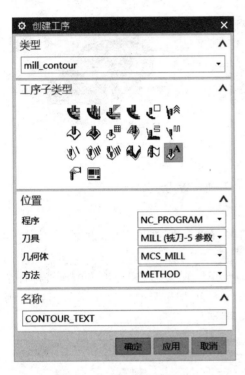

图 8-10　"创建工序"对话框

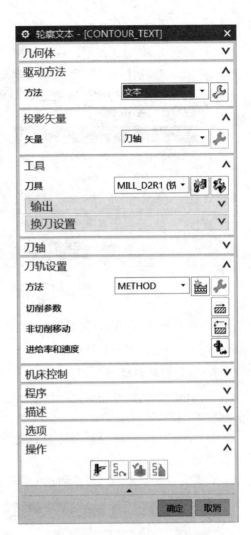

图 8-11　"轮廓文本"对话框

任务实施:"自主创新工作室"标牌轮廓文本铣削工序

1. 创建刀具

在工具条上单击"创建刀具"按钮 ![icon]，指定刀具类型为 mill-contour，刀具子类型为"球刀"，刀具名称为 BALL-D2r1，单击"确定"按钮进入"铣刀-5 参数"对话框，设置球刀直径为 2，单击"确定"按钮创建一个刀具。

2. 创建工序

单击工具条上的"创建工序"按钮 ![icon]，打开"创建工序"对话框。选择类型和设置位置参数，完成后单击"确定"按钮，打开"轮廓文本"对话框。

3. 选择切削区域、指定制图文本

在"轮廓文本"对话框中,单击"切削区域"按钮,选择多边形球冠面;单击"指定制图文本"按钮 **A**,弹出图 8-12 所示的"文本几何体"对话框。在图形上拾取注释文字 CAM,如图 8-13 所示。单击"确定"按钮返回"轮廓文本"对话框。

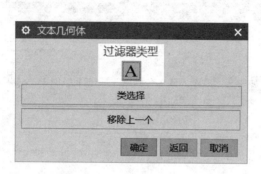

图 8-12　"文本几何体"对话框

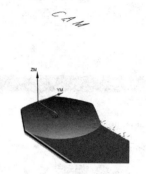

图 8-13　注释文字

4. 投影矢量、刀具、刀轴设置

投影矢量选择刀轴;刀具选择 BALL-D2r1;刀轴设置为＋ZM 轴。

5. 设置切削参数

单击"切削参数"按钮,打开"切削参数"对话框,在"策略"选项卡中,设置文本深度为1,如图 8-14 所示。

在"余量"选项卡中设置余量为 0,如图 8-15 所示。在"多刀路"选项卡中设置部件余量偏置为 1,选中"多重深度切削"复选框,步进方法设为"增量",增量为 0.3,如图 8-16 所示。设置完成后单击"确定"按钮返回"轮廓文本"对话框。

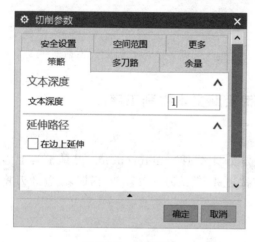

图 8-14　文本深度

图 8-15　设置余量

6. 设置非切削参数

在"轮廓文本"对话框中单击"非切削移动"按钮 📷,则弹出"非切削移动"对话框,设置进刀参数,设置进刀类型为"插削",进刀位置为"距离",高度为 100;退刀与进刀相同;转移/快速设置为"自动平面",安全距离为 3,单击"确定"按钮完成非切削参数的设置,如图 8-17 所示,返回"轮廓文本"对话框。

图 8-16 "多刀路"选项卡

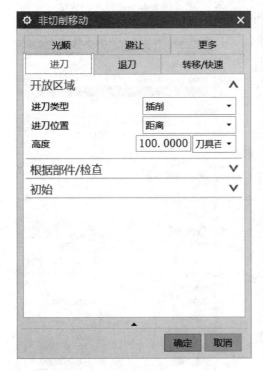
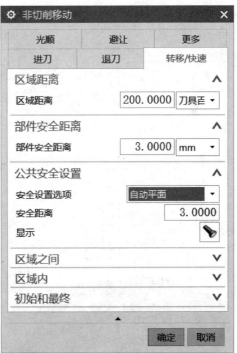

图 8-17 非切削移动

7. 设置进给率和速度

单击"进给率和速度"按钮 ⬆，则弹出"进给率和速度"对话框，设置主轴速度为 6 000。切削进给率为 600，进刀进给率与第一刀切削进给率为 50% 的切削进给率，如图 8-18 所示。单击"确定"按钮完成进给率和速度的设置，返回"轮廓文本"对话框。

8. 生成刀轨

在"轮廓文本"对话框中单击"生成"按钮 ⬆，计算生成刀轨。生成的刀轨如图 8-19 所示。

9. 确定工序

对刀轨进行检验，确认刀轨后单击"轮廓文本"对话框底部的"确定"按钮，并关闭"轮廓文本"对话框。

10. 后处理生成 G 代码

在导航器相应刀轨上右击，在菜单上单击"后处理"按钮，系统打开"后处理"对话框，如图 8-20 所示进行设置，单击"确定"按钮开始处理，完成后处理生成的程序显示在文本文件中。

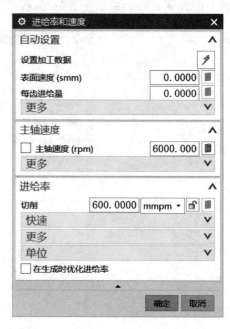

图 8-18   进给率和速度

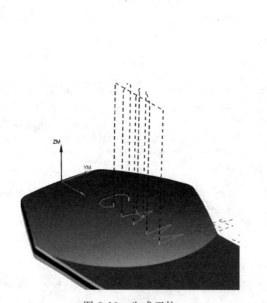

图 8-19   生成刀轨

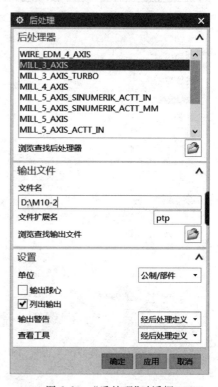

图 8-20   "后处理"对话框

11. 保存文件

单击工具栏上的"保存"按钮,保存文件。

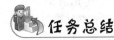 **任务总结**

任务 8.2 操作参考.mp4
（19.3MB）

创建文本驱动的固定轮廓铣工序以完成本任务时,需要注意以下几点。

（1）选择的制图文本几何体只能是注释文本,文本曲线不能使用文本驱动方法。

（2）指定的文本深度以正值表示深度,实际是向下的,而零件余量不能再设置为负值。

（3）使用文本深度或者是负的部件余量,其值不能大于刀具的圆角半径,否则生成的刀轨将是不可靠的。

（4）创建工序时直接选择文本轮廓的工序子类型,可以减少部分参数设置。

（5）创建固定轮廓铣工序,选择的驱动几何体可以在加工曲面的上方,也可以在加工曲面的下方,生成的刀轨都会沿刀具轴线方向投影到曲面上。

拓展知识：UG 高速加工与输出车间工艺文件

1. UG 高速加工

在常规加工过程中,切削温度和刀具磨损限制了切削线速度的提高,但是远在 60 多年前,Salomon 发现,当切削线速度进一步提高,超过某个临界值的时候,切削温度和切削力反而变小,然后随着切削线速度的继续提高,温度和切削力又急剧增加。这就使得高速加工（High Speed Machining）成为可能。不同的被加工材料的临界值以及速度范围是不同的。

按照加工目的来区分,高速加工分为两类：一类是以最大化单位时间材料去除量为目的的加工；另一类是以获得高质量加工表面与精细结构的加工为目的的加工。

1）高速加工的优势

（1）高速加工提高了加工速度,减少加工时间。对于精加工,高速加工的材料去除速度是常规加工的 4 倍以上。

（2）高速加工可以得到高质量的加工表面。由于高速加工采用极浅的切削深度和（或）窄的切削宽度,因此可以得到高质量的加工表面,节省人工修光工序和放电加工工序。

（3）高速加工能够简化加工工艺流程。常规铣加工不能加工淬火后的材料,淬火变形必须由人工修整或通过放电加工解决。高速加工可以直接加工淬火后的材料,省去了放电加工工序,消除了放电加工所带来的表面硬化问题,减少或免除人工光整加工。由于高速加工采用极浅的切削深度和（或）窄的切削宽度,所以可使用更小的刀具加工细小的凹圆角和精细结构,从而免除了其他加工工序,减少了钳工的修整工作。

（4）在模具制造工业,高速加工为修模工作带来极大的方便。以前只能由放电加工解决的修模工作现在可以由高速加工利用原有的 NC 程序来准确无误地直接完成,不需再编程。

(5) UG 的 Nurbs 输出直接产生曲线插补,从而快速切削出复杂而极其光滑的曲面。Nurbs 插补避免利用大量线性插补来解决曲线加工问题,因此消除了过程控制的速度瓶颈,进一步提高了加工速度。由于每个 Nurbs 插补运动较长,控制器可以朝前看得更远,使得路径设计和进给率设置更加智能化。当然,只有支持 Nurbs 插补的机床才能实现 Nurbs 插补。

(6) 高速加工可以加工薄壁零件。由于高速加工采用极浅的切削深度和(或)窄的切削宽度,因此切削力较小,可以加工细弱零件和薄壁零件。

2) 实现高速加工的基础条件

(1) 机床通信:为执行上百 MB 的 NC 程序,需要机床有高速的通信能力。

(2) 控制器:控制器必须能够高速处理有许多小运动的大程序。某些控制器可实现 Nurbs 插补,进一步提高处理速度。

(3) 机床:拥有高速加工机床。为了重型零件的高速移动,高速机床应当具备加速和减速能力。

(4) 专门的刀具和刀柄:在高速旋转的条件下,刀具和刀柄必须有很好的刚度和平衡,使振动减到最小。采用耐热耐磨材料的刀具,比如涂层炭化钨硬质合金、碳(氮)化钛硬质合金、陶瓷刀具、立方氮化硼、聚晶金刚石等。

(5) 加工策略:为了成功地实现高速加工,可以运用特别的加工策略。

(6) CAM 系统:拥有适应高速加工编程的 CAM 系统。由于高速加工的程序庞大,CAM 系统应当具备高的编程速度,便于快速编辑调整程序;CAM 系统具备自动防止过切和刀柄干涉检查的能力;CAM 系统可以优化进给速度;CAM 系统可以实现特别的加工策略。Unigraphics NX 的 CAM 系统可以满足这些要求,用于高速加工的编程。

3) 高速加工对刀轨的要求

(1) 为实现非常高的主轴速度和进给速度必须使用非常轻的切削,因此应当使用浅的切削深度和(或)窄的切削宽度。

(2) 高速加工的刀轨不允许存在尖锐的拐角,以避免走刀方向的突然改变导致局部过切引起刀具或机床的损坏,保持轨迹的平稳,防止突然的加减速。因此应当保持整个刀轨圆滑。在保持零件精密和表面光滑的前提下,越圆滑的刀轨可以实现越高的进给速度。

(3) 不可突然切入被加工零件,应当逐渐切入,因此采用螺旋、斜式、圆弧下刀,不可垂直下刀。

4) UG NX 实现高速加工的策略

(1) 轻而恒定的切削负荷:使用较小的步距(Stepover)和(或)窄的切削深度,比如平面铣和型腔铣可以使用浅的切削深度和较大的步距,也可以使用深的切削深度和小的步距;曲面轮廓铣使用多次切削。使用型腔铣 Z-Level 铣可以使负荷比较恒定。

(2) 圆滑的拐角:通过 Comer and Feed Rate Control 对话框对刀轨的拐角处进行圆倒角,可以由对话框中的 Fillet 选项指定圆角半径。

(3) 圆滑过渡所有进刀、退刀、步距(Stepover)和非切削运动(Non-CuttingMoves):

在自动进刀/退刀参数指定圆弧形进刀/退刀运动,也就是在平面铣,使用螺旋或斜式 (Helical or Ramping)的垂直进退/刀运动、圆弧(Circular)的水平进/退刀运动。而曲面轮廓铣,使用切圆弧(Tangent Arc)的进/退刀运动,Traverse 运动设置为 Smooth。通过将 Comer and Feed Rate Control 对话框的 Fillet 选项指定为 All Passes 来圆滑拐角和步距。

(4) 进给和切削速度:在 Feeds and Speeds 对话框中增加进给率和速度。

(5) 拐角减速:进入尖的拐角部位(拐角半径接近刀具半径的拐角)的时候,进给速度应当降低。

(6) 使用 Nurbs 插补:做轮廓铣的时候,如果后处理器和机床控制器支持 Nurbs 插补,Nurbs 插补可以在高速进给的时候产生更光滑的曲面(在"Machine Control"对话框中设置 Motion Output 为 Nurbs)。

(7) 使用 Z_Level 加工:型腔铣的 Z_Level 铣利用陡峭面和非陡峭面的分开加工保证恒定的残余材料高度。型腔铣的 Z_Level_Profile 铣的切削参数中的 Level to Level 参数指定为 Direct on Part、Ramp on Part、Stagger Ramp on Part,可以保证在层间没有提刀动作,因此特别适合高速加工,可以用 Z_Level_Profile 铣做精加工。

5) 高速加工的参数

铝合金的加工,刀具不是限制加工速度的主要因素,而主要受主轴速度以及被加工材料的限制,加工可以达到 40 000r/min 以上,对于大型模具的加工,一般主轴速度可以达到 12 000r/min 以上。各种材料的高速加工切削速度大致是铝合金(8～100)～7 000m/min;钢 500～2 000m/min;灰铸铁(8～100)～3 000m/min。各种材料的高速加工进给速度范围是 2～25m/min。

2. 输出车间工艺文件(Shop Documentation)

1) 车间工艺文件及其用途

可以根据特定的需要,通过输出车间工艺文件(Shop Documentation)功能抽取当前显示部件的零件几何、零件材料、控制几何、加工参数、控制参数、加工顺序、机床设置、机床控制事件、后处理命令、刀具参数、刀轨信息来创建包含特定信息的网页文件(HTML)或纯文本文件风格的网页文件(TEXT)。

这些文件多半都是用于提供给生产现场的机床操作人员的,免除了手工撰写工艺文件的麻烦。同时还有一个文件是用于生成刀具库数据文件的,可以让自己定义的刀具快速加入 UG 的刀具库中,供以后使用。

2) 输出车间工艺文件

(1) 通过加工工具 GC 工具条中的加工工单图标可以将自己定义的刀具快速加入 UG 的刀具库中。

(2) 通过下拉菜单信息选择车间文档可以输出用于提供给生产现场的机床操作人员的车间工艺文件。

3) 功能

单击图标,弹出"车间文档"对话框。

该对话框中的模板表里面的每一项都是一个工艺文件模板,可以生成包含特定信息的工艺文件。

凡是标有(HTML)的模板,生成网页文件;凡是标有(TEXT)的模板,生成纯文本文件风格的网页文件。

下面是各文件模板的解释。

Operation List Select:生成一个网页文件,列出部件中所有操作及操作使用的刀具。

Tool List Select:生成一个网页文件,列出部件中所有刀具及刀具的主要参数。

实战训练:曲面刻字编程加工

打开模型文件 D:\anli\8-kz. prt,如图 8-21 所示,利用 UG NX 8.5 完成零件的数控加工程序编制。

图 8-21　曲面刻字编程加工练习

工作任务:创建文本轮廓加工工序,后处理生成数控加工程序文件。

可变轮廓铣
——凸轮槽自动编程加工

本模块主要讲述可变轮廓铣操作的编程加工基本过程,其构建思路为首先介绍可变轮廓铣的特点及原理,然后讲解可变轮廓铣的参数设置,包括驱动方法和刀具轴控制等内容,最后介绍多轴加工的顺序铣操作。通过本模块的学习,使读者能够准确掌握可变轮廓铣操作编程的基本过程。

任务 9.1　创建可变轮廓铣操作

学习目标

本任务的主要目的是使读者了解可变轮廓铣和顺序铣类型的区别,掌握可变轮廓铣的特点及原理,最后能够正确创建可变轮廓铣操作。

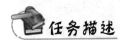

任务描述

创建凸轮槽可变轮廓铣操作,图 9-1 所示为凸轮槽三维模型,包括设定加工坐标系、指定毛坯、创建刀具和创建工序等。

图 9-1　凸轮槽三维模型

知识链接

9.1.1　多轴加工介绍

NX的五轴加工功能享有盛名,五轴加工应用于航空航天工业和飞机发动机等领域,主要加工叶片、叶轮、发动机架和机匣外壳等零件。现在越来越多地应用于复杂模具的加工。

多轴加工主要包括可变轴曲面轮廓铣和顺序铣削。在铣削加工中,有些零件的侧壁存在负角,这些零件采用固定轴铣削无法加工完整,因此需要采用多轴加工。

(1) 可变轴曲面轮廓铣 (VARIABLE_CONTOUR),简称变轴铣。它与固定轴铣相似,只是在加工过程中变轴铣刀轴可以摆动,可满足一些特殊部位的加工需要。可变轴轮廓铣一般用于零件的精加工。

(2) 顺序铣 (SEQUENTIAL_MILL),用于连续加工一系列相接表面,并对面与面之间的交线进行清根加工,顺序铣一般用于零件的精加工,可保证相接表面光顺过渡,其前道工序可以平面铣、行腔铣或固定轴铣。

9.1.2　可变轮廓铣的特点和原理

1. 变轴铣基本术语

(1) 零件几何体(Part Geometry):用于加工的几何体。

(2) 检查几何体(Check Geometry):用于停止刀具运动的几何体。

(3) 驱动几何体(Drive Geometry):用于产生驱动点的几何体。

(4) 驱动点(Drive Point):从驱动几何体上产生的,将投射到零件几何体上的点。

(5) 驱动方法(Drive Method):驱动点产生的方法,某些驱动方法在曲线上产生一系列驱动点,有的驱动方法则在一定面积内产生阵列的驱动点。

(6) 投影矢量(Project Vector):指引驱动点投影的方向,决定刀具接触零件的位置。

2. 可变轴曲面轮廓铣加工特点

可变轴曲面轮廓铣用于比固定轴曲面轮廓铣所加工对象更为复杂的零件的半精加工和精加工,如利用五轴联动加工中心加工飞机发动机转子叶片。

3. 可变轴曲面轮廓铣加工原理

可变轴曲面轮廓铣的加工原理与固定轴曲面轮廓铣的加工原理大致相同,都需要指定驱动几何体,系统将驱动几何上的驱动点沿投影方向投影到零件几何上形成刀路轨迹。不同的是,可变轴曲面轮廓铣增加了对刀轴方向的控制,可以加工比固定轴曲面轮廓铣所加工的对象更为复杂的零件。

任务实施:创建凸轮槽可变轮廓铣操作

(1) 选择"开始"→"程序"→Siemens NX 8.5→NX 8.5命令,启动软件。

（2）选择"文件"→"新建"命令，弹出"新建"对话框，输入文件名"9-tlc. prt"，指定文件保存的目录位置，单击"确定"按钮即可进入 UG 建模环境。选择"文件"→"导入"→STEP203 命令，弹出"导入自 STEP203 选项"对话框，单击按钮 ，选择文件"D：\anli\9-tlc. stp"，单击"确定"按钮后文件导入成功。

（3）选择"开始"→"加工"命令，弹出"加工环境"对话框，"CAM 会话配置"选择 cam_general，"要创建的 CAM 设置"选择 mill_multi_axis，单击"确定"按钮，进入加工环境。

（4）选择下拉菜单中的"分析"→"检查几何体"命令，弹出"检查几何体"对话框，在"要执行的检查/要高亮显示的结果"选项中选择"全部设置"命令，再选择"选择对象"命令，框选整个零件，选择"操作"选项中的"检查几何体"命令对模型进行检查，检查结果全部通过，如图 9-2 所示，如果有一项不合格，都要对模型进行处理，一般在建模环境中去完善修改模型。

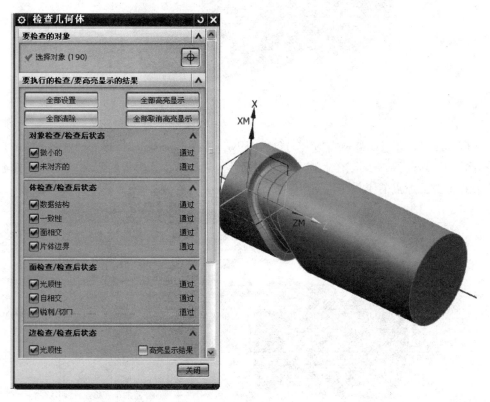

图 9-2 检查几何体

（5）选择下拉菜单"分析"→"最小半径"命令，弹出"最小半径"对话框，框选整个工件后，单击"确定"按钮或按鼠标中键后退出对话框，如图 9-3 所示，在模型上显示出最小圆角部位，同时在"信息"对话框中显示出最小圆角半径值为 $R=2$。说明必须用不大于直径 D4R2 的刀具来加工此工件。

（6）运用"分析"→"测量距离"和"分析"→"测量"→"简单直径"工具分析零件的尺寸，选择适合的刀具。

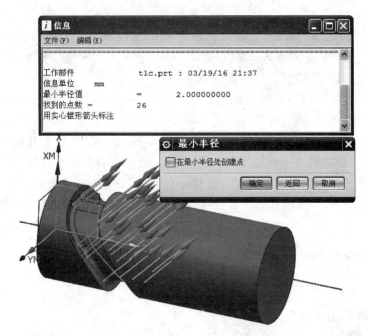

图 9-3　选择"分析"→"最小半径"命令

（7）首先打开工序导航器，用图钉使之固定，选择下拉菜单"格式"→WCS→"定向"命令，弹出 CSYS 对话框，按图设置，如图 9-4 所示，单击"确定"按钮就定义一个以零件上表面中心位置为原点的工作坐标系。

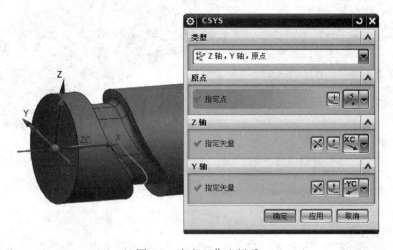

图 9-4　定义工作坐标系

（8）单击图标切换到几何视图，双击 MCS 弹出 MCS 对话框，单击 CSYS图标，切换到动态的 CSYS，在参考选项里切换为 WCS，如图 9-5 所示，单击"确定"按钮即可使加工坐标系与工作坐标系重合了。

（9）在"MCS 铣削"机床坐标系对话框中单击"安全设置"展开定义区，"安全设置选

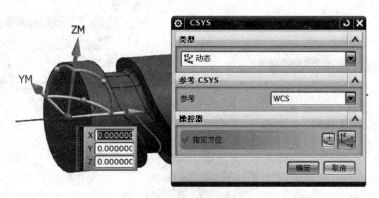

图 9-5　CSYS 对话框

项"中设置为"自动平面",输入"安全距离"为 50,单击"确定"按钮退出对话框,如图 9-6 所示。

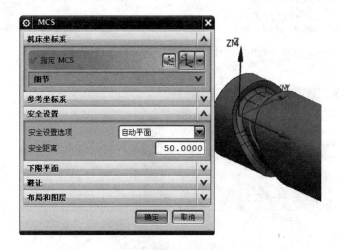

图 9-6　定义安全平面

（10）双击 WORKPIECE 或在 WORKPIECE 上右击,单击"编辑"命令,弹出"工件" 对话框,在几何体组中定义毛坯,单击"指定毛坯"后面的图标 ⧉ ,弹出"毛坯几何体"对话框,在类型下选择"几何体",选择如图 9-7 所示圆柱体,单击"确定"按钮两次完成毛坯几何体的定义。

（11）单击创建刀具图标 ⧉ 弹出"创建刀具"对话框,类型选择 mill_contour,如图 9-8 所示,按图创建直径为 D10R1 的圆角刀,输入刀具名称 D10R1,单击"确定"按钮,弹出"铣刀-5 参数"对话框,按图 9-9 所示设置参数,切换到刀具视图可以看到创建的刀具。同理再创建两把刀具 D6R0 和 D4R2。

（12）单击创建工序图标 ⧉ 弹出"创建工序"对话框,如图 9-10 所示,按图设置,选择"类型"为 mill_multi_axis,选择工序子类型中的第 1 个图标 ⧉ 可变轴曲面轮廓铣,"程序"为 PROGRAM、"刀具"为 D10R1、"几何体"为 WORKPIECE、"方法"为 MILL_ ROUGH,单击"确定"按钮进入"可变轮廓铣"对话框,如图 9-11 所示。

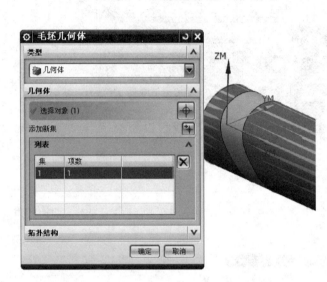

图 9-7　定义毛坯几何体

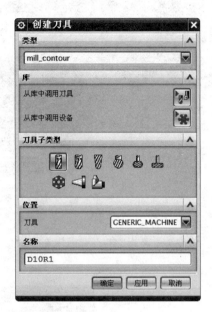

图 9-8　"创建刀具"对话框

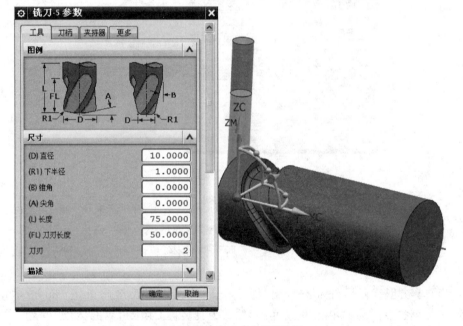

图 9-9　"铣刀-5 参数"对话框

（13）单击"确定"按钮退出操作对话框，可以在操作导航器中在 WORKPIECE 下、在 D10R1 下、在 PROGRAM 下、在 MILL_ROUGH 下都产生了一个名为 VARIABLE_ CONTOUR 的操作。当然此处并没有生成可变轮廓铣的刀路轨迹。

图 9-10　创建可变轮廓铣工序

图 9-11　"可变轮廓铣"对话框

（14）选择"文件"→"保存"命令，关闭软件。

 任务总结

　　通过本任务的学习，了解了可变轮廓铣和顺序铣类型的区别，掌握了可变轮廓铣的特点及原理，从而能够正确创建可变轮廓铣操作，包括设定加工坐标系、指定毛坯、创建刀具和创建工序。

任务 9.1 操作参考.mp4

（30.8MB）

任务 9.2　可变轮廓铣参数设置

 学习目标

　　本任务的主要目的是使读者掌握可变轮廓铣的驱动方法和刀具轴控制方法，掌握可变轮廓铣的参数设置，最后创建合理可变轮廓铣刀具路径。

 任务描述

　　设置凸轮槽可变轮廓铣操作参数，包括选择驱动方法、设置投影矢量、设置刀轴、设定切削参数和非切削参数，最后生成刀路轨迹和加工程序。

9.2.1　可变轮廓铣驱动方法

1. 曲面区域驱动方法

图 9-12 所示为"曲面区域驱动方法"对话框,它提供对刀轴的控制,允许根据驱动曲面定义刀轴,如图 9-13 所示。

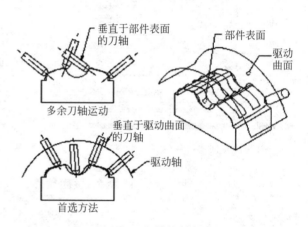

图 9-12　"曲面区域驱动方法"对话框　　　　图 9-13　刀轴控制方式

曲面区域驱动方法还提供对"投影矢量"的控制,其中"垂直于驱动体"选项能够将"驱动点"均匀分布到凸起程度较大的部件表面上。与边界不同,驱动曲面可以用来缠绕部件表面,以将"驱动点"均匀地投影到部件的所有侧,如图 9-14 所示。

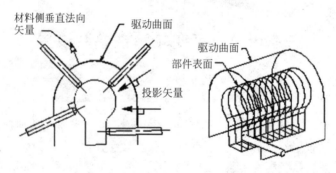

图 9-14　投影矢量垂直于驱动体

（1）刀具位置

刀具位置确定系统如何计算"部件表面"上的接触点。刀具通过从"驱动点"处沿着"投影矢量"移动来定位到"部件表面"。

　　"相切"可以创建"部件表面"接触点,方法是首先将刀具放置到与"驱动曲面"相切的位置,然后沿着"投影矢量"将其投影到"部件表面"上,在该表面中,系统将计算部件表面接触点,如图 9-15 所示。

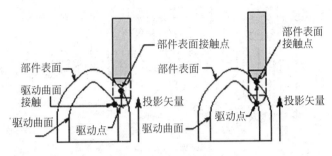

图 9-15　刀具位置相切、对中

　　"对中"可以创建"部件表面"接触点,方法是首先将刀尖直接定位到"驱动点",然后沿着"投影矢量"将其投影到"部件表面"上,在该表面中,系统将计算部件表面接触点。

　　如果直接在"驱动曲面"上创建"刀轨"时(未定义任何"部件表面"),"刀具位置"应该切换为"相切"位置。根据使用的"刀轴","对中"会偏离"驱动曲面",如图 9-16 所示。

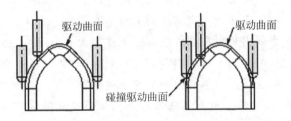

图 9-16　刀具对中过切

　　一个曲面同时被定义为"驱动曲面"和"部件表面"时,应该使用"相切",如图 9-17 所示,驱动曲面和部件表面为同一曲面时的相切和对中的区别。

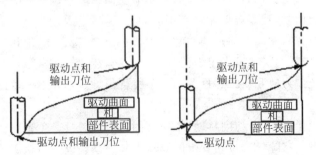

图 9-17　相切和对中

　　(2)步距

　　控制连续切削刀路之间的距离,可根据残余高度尺寸来指定步距或步距总数。"步距"选项会因所用的"切削模式"不同而有所不同,如图 9-18 所示。

　　"残余高度"是按与驱动曲面垂直的方向测量的所允许的最大高度。"残余高度"允许

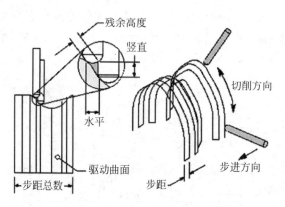

图 9-18　步距

通过指定高度、水平和竖直距离值来指定所允许的残余高度的最大尺寸。当驱动曲面还用作部件壁面时，使用此方法可获得良好的残余高度控制。系统将步距的大小限制为略小于 2/3 的刀具直径，而不管将残余高度指定为多少。

"竖直限制"加工壁面会产生大的步距。使用"竖直限制"可控制这些步距的大小。"竖直限制"允许限制刀具可在平行于投影矢量的方向上移动的距离。此选项通过限制步距的竖直距离来帮助避免在接近竖直的曲面上留下宽的脊。

"水平限制"使用平底刀具可在部件底部面上产生大的步距。"水平限制"通过限制刀具在垂直于"投影矢量"的方向上移动的距离，控制这些大的步距。此选项通过限制步距的水平距离来帮助避免在接近水平的曲面上留下宽的脊。

注意：可结合使用、单独使用或不使用水平限制和竖直限制。如果将这些值设置为零，则不会使用它们。

"数量"允许指定刀轨的步距总数。

（3）过切时

"过切时"允许指定驱动轨迹中的刀具过切驱动曲面时系统如何响应。未选择部件几何体而切削驱动曲面时，这些选项非常有用。

"无"可使系统忽略驱动曲面过切。它将生成一个与"警告"选项相同且保持不变的刀轨，但是不会向刀轨或 CLSF 发出警告消息。

"警告"使系统向刀轨和 CLSF 只发出一条警告消息。它并不会通过改变刀轨来避免过切驱动曲面。

"退刀"可通过使用在"非切削移动"中定义的参数使刀具避免过切驱动曲面。

"跳过"可通过仅移除导致过切发生的驱动点来使系统改变刀轨。结果将是从过切前的最后位置到不再过切时的第一个位置的直线刀具移动。

当从驱动曲面直接生成刀轨时，如果使用跳过，则刀具不会触碰凸角处的驱动曲面，并且不会过切凹陷区域。

2. 边界驱动方法

"边界驱动方法"允许通过指定"边界"和"环"定义切削区域，边界可以由一系列曲线、现有的永久边界、点或面创建。它们可以定义切削区域外部,如岛和腔体。可以为每个边界成员指定"对中""相切"或"接触"刀具位置属性,如图 9-19 所示。

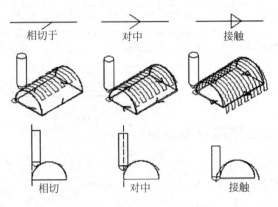

图 9-19　相切于、对中和接触

在边界内定义"驱动点"一般比选择"驱动曲面"更为快捷和方便。但是,使用"边界驱动方法"时,不能控制刀轴或相对于驱动曲面的投影矢量。例如,平面边界不能缠绕复杂的部件表面,从而均匀分布"驱动点"或控制刀具,如图 9-20 所示。

3. 流线驱动方法

"流线驱动方法"根据选中的几何体来构建隐式驱动曲面,通过选择流曲线(A)和可选的交叉曲线(B)为流线驱动方法定义驱动曲面。选择面边缘、线框曲线或点来创建任意数目的流曲线和交叉曲线组合。如果未选择交叉曲线,则软件使用线性段(C)将流曲线的末端连接起来,如图 9-21 所示。

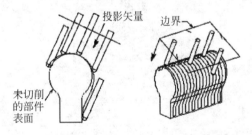

图 9-20　边界驱动将驱动点投影到部件表面

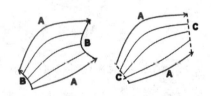

图 9-21　流曲线和交叉曲线

流线和曲面区域驱动方法之间的差异如表 9-1 所示。

表 9-1　流线和曲面区域驱动方法之间的差异

曲 面 区 域	流 线
仅可以处理曲面	可以处理曲线、边、点和曲面
拥有对中和相切刀具位置	除了对中和相切刀具位置外,还允许接触刀位以进行固定轴加工
需要排列整齐的曲面栅格。曲面必须拐角跟拐角匹配,并且必须按特定的次序选择它们	曲面栅格无须整齐排列,可以加工流/交叉曲线或曲面的任意集合。流线还可以处理由两个或更多封闭流曲线集或曲面定义驱动曲面的配置

续表

曲 面 区 域	流　　线
不支持切削区域	允许选择切削区域面。切削区域面用作空间范围几何体,而切削区域边界用于自动生成流曲线集和交叉曲线集。此外,软件使部件几何体置于对投影模块透明的"切削区域"的外部,这极大地方便了在遮蔽区域生成刀轨
不处理缝隙	软件自动填充流曲线集和交叉曲线集内的缝隙

9.2.2　可变轮廓铣刀具轴控制

在固定轴曲面轮廓铣中,只能定义固定的刀轴,而在可变轴曲面轮廓铣中,可以定义可变的刀轴,即刀具在沿刀具路径移动时,可以不断地改变方向。

1. 远离点与指向点

（1）远离点

通过指定一焦点来定义,它以指定的焦点为起点、并指向刀柄所形成的矢量作为可变刀轴矢量,如图 9-22 所示,注意焦点必须位于刀具与零件几何接触的另一侧。

（2）指向点

通过指定一焦点来定义,它以刀柄为起点、并指向指定的焦点所形成的矢量作为可变刀轴矢量,如图 9-23 所示,注意焦点必须位于刀具与零件几何接触的同一侧。

图 9-22　用"远离点"定义可变刀轴矢量

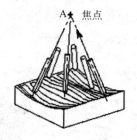

图 9-23　用"指向点"定义可变刀轴矢量

2. 远离线与指向线

（1）远离线

通过指定一条直线来定义,它沿指定直线的全长,并垂直于直线,且指向刀柄的矢量作为可变刀轴矢量,如图 9-24 所示,指定线必须位于刀具与零件几何接触的另一侧。

（2）指向线

通过指定一条直线来定义,它沿指定直线的全长,并垂直于直线,且从指定直线指向刀柄的矢量作为可变刀轴矢量,如图 9-25 所示,注意指定线必须位于刀具与零件几何接触的同一侧。

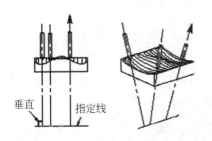

图 9-24 用"远离线"定义可变刀轴矢量

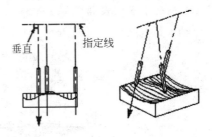

图 9-25 用"指向线"定义可变刀轴矢量

3. 指定矢量与相对于矢量

（1）指定矢量

通过矢量构造器构造一个矢量作为刀轴矢量。

（2）相对于矢量

通过指定引导角度和倾斜角度来定义相对于一个矢量的可变刀轴矢量，如图 9-26 所示，其中引导角度定义刀具运动方向朝前或朝后倾斜的角度。引导角度为正时，刀具基于刀具路径的方向朝前倾斜；引导角度为负时，刀具基于刀具路径的方向朝后倾斜。倾斜角度定义刀具相对于刀具路径向左或向右倾斜的角度。沿刀具路径看，倾斜角度为正时，刀具往刀具路径右侧倾斜；倾斜角度为负时，刀具往刀具路径左侧倾斜。

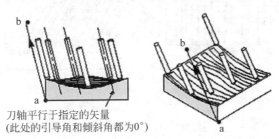

图 9-26 用"相对于矢量"定义可变刀轴矢量

4. 与零件几何相关的矢量

（1）相对于零件表面法向

通过指定引导角度和倾斜角度来定义相对于零件表面法向的可变刀轴矢量，如图 9-27 所示，该方法与相对于矢量方法类似，只是用零件几何表面的法向代替了指定的矢量。

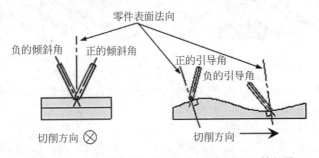

图 9-27 用"相对于零件表面法向"定义可变刀轴矢量

（2）垂直于零件表面

刀轴矢量在每个接触点处都垂直于零件几何的表面，如图 9-28 所示。

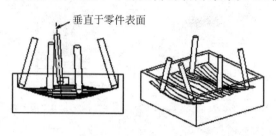

图 9-28　用"垂直于零件表面"定义可变刀轴矢量

5. 与驱动几何相关的矢量

（1）相对于驱动曲面法向

通过指定引导角度和倾斜角度来定义相对于驱动曲面法向的可变刀轴矢量，如图 9-29 所示，该方法与相对于零件曲面法向方法类似，只是用驱动几何曲面的法向代替了零件几何曲面。

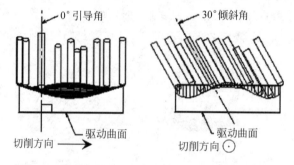

图 9-29　用"相对于驱动曲面法向"定义可变刀轴矢量

（2）垂直于驱动曲面

刀轴矢量在每个接触点处都垂直于驱动曲面，如图 9-30 所示。

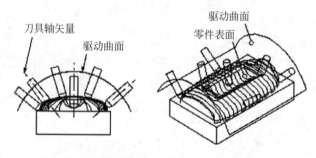

图 9-30　用"垂直于驱动曲面"定义可变刀轴矢量

（3）直纹面驱动

用驱动曲面的直纹线来定义刀轴矢量，这种方法可以使刀具的侧刃加工驱动曲面，而刀尖加工零件表面,如图 9-31 所示,当选择多个驱动曲面时,必须按相邻曲面的顺序进行选择,而且相邻曲面必须是边缘接边缘。

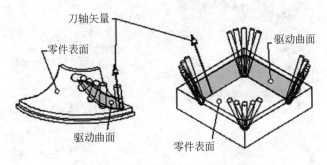

图 9-31 用"直纹面驱动"定义可变刀轴矢量

6. 插补刀轴

插补刀轴是通过在指定点定义矢量来控制刀轴矢量。对于非常复杂的零件几何或驱动几何,会导致刀轴矢量过多的变化,利用该方法可以有效地控制剧烈的刀轴变化;该方法也可用来调整刀轴,以避免刀轴悬空或避让障碍物,如图 9-32 所示。

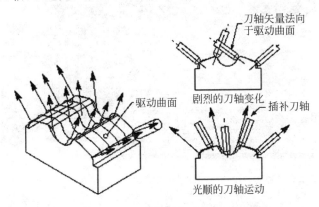

图 9-32 用"插补刀轴"定义可变刀轴矢量

任务实施:设置凸轮槽加工的可变轮廓铣参数

(1) 打开垫块模型文件 D:\anli\9-tlc. prt,直接进入加工环境。

(2) 在工序导航器中的 PROGRAM 下,双击 VARIABLE_CONTOUR 打开"可变轮廓铣"操作对话框,上一次任务已经创建了这个操作,这里设置相关参数生成刀路轨迹。

(3) 在"可变轮廓铣"对话框中,单击"指定部件"后边的图标 ,弹出"部件几何体"对话框,选择凸轮槽底面,如图 9-33 所示,单击"确定"按钮,完成部件几何体的定义。

(4) 选择"驱动方法"下的选项"曲线/点"选项,单击"确定"按钮,弹出"曲线/点驱动方法"对话框,选择驱动几何体为如图 9-34 所示曲线,单击"确定"按钮,完成驱动方法的定义。

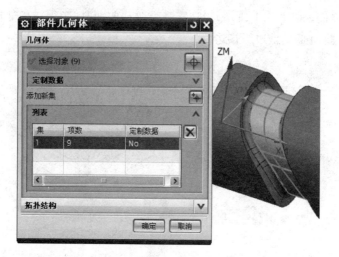

图 9-33   "部件几何体"对话框

图 9-34   "曲线/点驱动方法"对话框

（5）设置"矢量"为"刀轴"，如图 9-35 所示。

（6）设置"刀轴"为"远离直线"，弹出"远离直线"对话框，"指定矢量"为圆柱体的中心线，如图 9-36 所示，单击"确定"按钮，完成刀轴的定义。

（7）单击"切削参数"后的图标 ，弹出"切削参数"对话框，在"多刀路"选项卡中，设置"部件余量偏置"为 5mm，选择"多重深度切削"复选框，"步进方法"改为"刀路"，"刀路数"设置为 5，如图 9-37 所示。

图 9-35   设置"矢量"

（8）在"余量"选项卡中，设置"部件余量"为 0.3mm，如图 9-38 所示，单击"确定"按钮，完成切削参数的设定。

（9）单击"非切削移动"后的图标 ▨，弹出"非切削移动"对话框，在"转移/快速"选项卡中，"初始和最终"中的"逼近方法"选择"沿矢量"选项，指定矢量为－ZC 轴，"距离"为 50mm，"离开方法"设置为"沿矢量"，指定矢量为 ZC 轴，"距离"为 50mm，如图 9-39 所示，单击"确定"按钮。

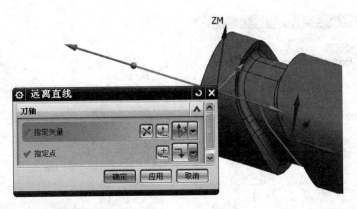

图 9-36 "远离直线"定义刀轴

图 9-37 "多刀路"选项卡

图 9-38 "余量"选项卡

（10）单击"进给率和速度"后的图标，弹出"进给率和速度"对话框，如图 9-40 所示，定义"主轴速度"为 3 000、进给率切削为 1 000，单击"确定"按钮，退出"可变轮廓铣"对话框。

（11）然后单击生成刀轨图标，这样就生成了一个可变轮廓铣的粗加工的刀轨程序，如图 9-41 所示。

（12）单击创建工序图标，弹出"创建工序"对话框，如图 9-42 所示，按图设置，选择"类型"为 mill_multi_axis，选择工序子类型中的第 1 个图标 可变轴曲面轮廓铣，"程序"为 PROGRAM、"刀具"为 D6R0、"几何体"为 WORKPIECE、"方法"为 MILL_FINISH，单击"确定"按钮进入"可变轮廓铣"对话框。

（13）选择"驱动方法"下的"流线"选项，单击"确定"按钮，弹出"流线驱动方法"对话框，"驱动曲线选择方法"设为"指定"，"流曲线"选择如图 9-43 所示的两条边，注意方向要一致，刀具位置设为"相切"，切削模式设为"往复"，步距设置为"数量"，步距数设为 6，单击"确定"按钮，完成驱动方法的定义。

（14）设置"矢量"为"刀轴"，如图 9-44 所示。

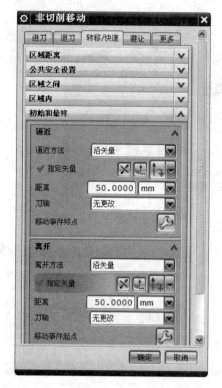

图 9-39　"非切削移动"对话框

图 9-40　"进给率和速度"对话框

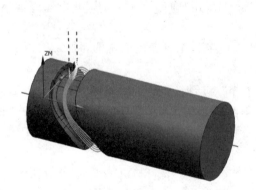

图 9-41　可变轮廓铣加工刀轨

图 9-42　"创建工序"对话框

（15）设置"刀轴"为"远离直线"，弹出"远离直线"对话框，"指定矢量"为圆柱体的中心线，如图 9-45 所示，单击"确定"按钮，完成刀轴的定义。

图 9-43　"流线驱动方法"对话框

图 9-44　设置"矢量"

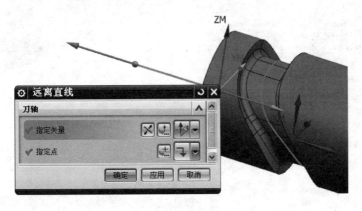

图 9-45　"远离直线"定义刀轴

（16）单击"非切削移动"后的图标▨，弹出"非切削移动"对话框，在"转移/快速"选项卡中，将"初始和最终"中的"逼近方法"设为"沿矢量"，指定矢量为－ZC 轴，"距离"为 50mm，"离开方法"设为"沿矢量"，指定矢量为 ZC 轴，"距离"为 50mm，单击"确定"按钮。

（17）单击"进给率和速度"后的图标🔧，弹出"进给率和速度"对话框，定义"主轴速度"为 3 000，进给率切削为 1 000，单击"确定"按钮。

（18）然后单击生成刀轨图标🔧，这样就生成了凸轮槽左侧面加工刀路轨迹，如图 9-46 所示。

图 9-46　凸轮槽左侧面加工刀轨

（19）在程序顺序视图下，右击 VARIABLE_CONTOUR_1 选择"复制"命令，再次右击选择"粘贴"命令，程序顺序视图下多了一个 VARIABLE_CONTOUR_1_COPY，双击该操作，打开"可变轮廓铣"对话框，单击"驱动方法"后边的编辑图标🔧，弹出"流线驱动方法"对话框，删除之前的两条"流曲线"，选择如图 9-47 所示的两条边，注意方向要一致，单击"确定"按钮，完成驱动方法的定义。

图 9-47　"流线驱动方法"对话框

（20）然后单击生成刀轨图标🔧，这样就生成了凸轮槽右侧面加工刀路轨迹，如图 9-48 所示。

（21）单击创建工序图标 ，弹出"创建工序"对话框，如图 9-49 所示，按图设置，选择"类型"为 mill_multi_axis，选择工序子类型中的第 1 个图标 可变轴曲面轮廓铣，"程序"为 PROGRAM、"刀具"为 D4R2、"几何体"为 WORKPIECE、"方法"为 MILL_FINISH，单击"确定"按钮，进入"可变轮廓铣"对话框。

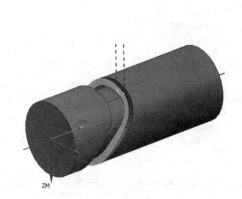

图 9-48 凸轮槽右侧面加工刀轨

图 9-49 "创建工序"对话框

（22）在"可变轮廓铣"对话框中，单击"指定部件"后面的图标 ，弹出"部件几何体"对话框，选择凸轮槽底面，如图 9-50 所示，单击"确定"按钮，完成部件几何体的定义。

图 9-50 "部件几何体"对话框

（23）选择"驱动方法"下的"曲线/点"选项，单击"确定"按钮，弹出"曲线/点驱动方法"对话框，选择驱动几何体为如图 9-51 所示曲线，单击"确定"按钮，完成驱动方法的定义。

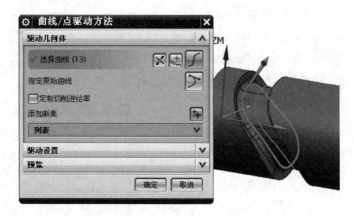

图 9-51 "曲线/点驱动方法"对话框

（24）设置"矢量"为"刀轴"，如图 9-52 所示。

图 9-52 设置"矢量"

（25）设置"刀轴"为"远离直线"，弹出"远离直线"对话框，"指定矢量"为圆柱体的中心线，如图 9-53 所示，单击"确定"按钮，完成刀轴的定义。

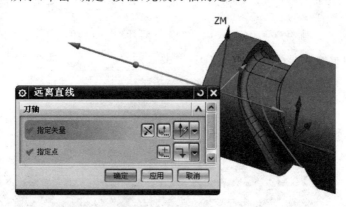

图 9-53 "远离直线"定义刀轴

（26）单击"切削参数"后面的图标，弹出"切削参数"对话框，在"多刀路"选项卡中，设置"部件余量偏置"为 2mm，选择"多重深度切削"复选框，将"步进方法"改为"刀路"，"刀路数"设置为 4，如图 9-54 所示。

（27）单击"非切削移动"后面的图标，弹出"非切削移动"对话框，在"转移/快速"选项卡中，"初始和最终"中的"逼近方法"设为"沿矢量"，指定矢量为－ZC 轴，将"距离"为50mm，"离开方法"设为"沿矢量"，指定矢量为 ZC 轴，"距离"为 50mm，单击"确定"按钮。

（28）单击"进给率和速度"后面的图标，弹出"进给率和速度"对话框，定义"主轴速度"为 3 500,进给率切削 1 500,单击"确定"按钮退出"可变轮廓铣"对话框。

（29）然后单击生成刀轨图标 ,这样就生成了凸轮槽左侧圆角的刀路轨迹,如图 9-55 所示。

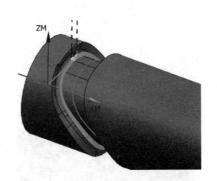

图 9-54　"多刀路"选项卡　　　　　图 9-55　凸轮槽左侧圆角刀路轨迹

（30）在程序顺序视图下,右击 VARIABLE_CONTOUR_2 选择"复制"命令,再次右击选择"粘贴"命令,程序顺序视图下多了一个 VARIABLE_CONTOUR_2_COPY,双击该操作,打开"可变轮廓铣"对话框,单击"驱动方法"后边的编辑图标 ,弹出"曲线/点驱动方法"对话框,删除之前的"驱动几何体曲线",选择如图 9-56 所示的曲线,单击"确定"按钮,完成驱动方法的定义。

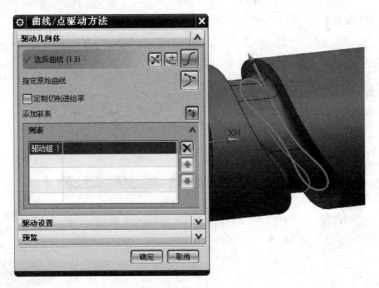

图 9-56　"曲线/点驱动方法"对话框

（31）然后单击生成刀轨图标 ,这样就生成了凸轮槽右侧圆角的刀路轨迹,如图 9-57 所示。

（32）单击创建工序图标 弹出"创建工序"对话框，如图 9-58 所示，按图设置，选择"类型"为 mill_multi_axis，选择工序子类型中的第 1 个图标 可变轴曲面轮廓铣，"程序"为 PROGRAM、"刀具"为 D4R2、"几何体"为 WORKPIECE、"方法"为 MILL_FINISH，单击"确定"按钮进入"可变轮廓铣"对话框。

图 9-57　凸轮槽右侧圆角刀路轨迹

图 9-58　"创建工序"对话框

（33）选择"驱动方法"下的"曲面"选项，单击"确定"按钮，弹出"曲面区域驱动方法"对话框，将"刀具位置"设为"相切"，"切削模式"设为"螺旋"，"步距数"设为 50，如图 9-59 所示，单击"指定驱动几何体"，弹出"驱动几何体"对话框，选择如图 9-60 所示曲面，单击两次"确定"按钮，完成曲面区域驱动方法的定义。

图 9-59　"曲面区域驱动方法"对话框

图 9-60　驱动几何体的定义

（34）设置"矢量"为"刀轴"，如图 9-61 所示。

（35）设置"刀轴"为"远离直线"，弹出"远离直线"对话框，"指定矢量"为圆柱体的中心线，如图 9-62 所示，单击"确定"按钮，完成刀轴的定义。

图 9-61　设置"矢量"

（36）单击"非切削移动"后面的图标 ，弹出"非切削移动"对话框，在"转移/快速"选项卡中，将"初始和最终"中的"逼近方法"设为"沿矢量"，指定矢量为 YC 轴，"距离"为 50mm，"离开方法"设为"沿矢量"，指定矢量为－YC 轴，"距离"为 50mm，单击"确定"按钮。

（37）单击"进给率和速度"后面的图标，弹出"进给率和速度"对话框，定义"主轴速度"为 3 000，进给率切削为 1 000，单击"确定"按钮。

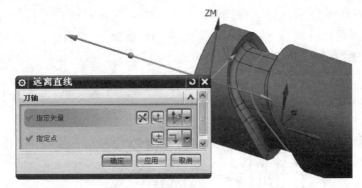

图 9-62　"远离直线"定义刀轴

（38）然后单击生成刀轨图标，这样就生成了凸轮槽底面加工刀路轨迹，如图 9-63 所示。

（39）同时选择 PROGRAM 下的所有操作，单击图标，弹出"刀轨可视化"对话框，单击选择"2D 动态"后单击播放箭头 即可开始模拟加工，其结果如图 9-64 所示。

图 9-63　凸轮槽底面加工刀轨

图 9-64　刀轨可视化

任务 9.2 操作参考.mp4

（40）选择操作程序，单击图标，或者右击操作程序，弹出对话框后选择"后处理"命令，弹出"后处理"对话框，选择"后处理器"命令，指定 NC 程序保存目录，输出 G 代码程序。

任务总结

通过本任务的学习,掌握了可变轮廓铣的驱动方法和刀具轴控制方法,以及可变轮廓铣的参数设置方法,包括选择驱动方法、设置矢量、设置刀轴、设定切削参数和非切削参数等。

拓展知识:顺序铣的操作

顺序铣是一种表面精加工方法,它按照相交或相切面的连接顺序连续加工一系列相邻表面,可保证零件相邻表面过渡处的加工精度。顺序铣主要是通过设置各子操作的刀路轨迹,以及对各子操作进行三轴、四轴或五轴联动控制来精加工零件表面轮廓。如图 9-65 所示,零件在粗加工以后,用顺序铣沿各侧面精加工,可消除在相邻表面交接处的刀痕,保证各侧面的加工精度和表面粗糙度。

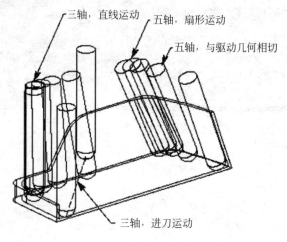

图 9-65　顺序铣示意图

1. 顺序铣操作的组成

一个顺序铣操作由进刀运动、连续加工运动、退刀运动和点到点运动 4 个子操作组成。进刀运动使刀具从起始点进到初始切削位置;连续加工运动使刀具按零件表面的连接顺序,依次对加工表面进行铣削加工;退刀运动使刀具在加工结束后从加工表面退出;点到点运动使刀具以直线方式离开工件到指定的安全平面。每一个子操作具有不同的刀具运动形式,4 个子操作的连续刀具运动构成顺序铣的一个完整刀路轨迹。

2. 控制面

在创建顺序铣操作时,为控制刀具的运动,需要给刀具指定 3 个控制面:驱动面、零件面和检查面。驱动面控制刀具的侧面;零件面控制刀具的底面;检查面控制刀具的停止位置。在铣削过程中,铣刀的侧面沿着驱动面移动,底面沿着零件面移动,当铣刀移动到检查面时停止铣削。铣刀在移动时与驱动面和零件面同时接触,在停止时与驱动面、零件面和检查面同时接触。

3. 参考点

参考点是一个定位点,用于确定驱动面、零件面和检查面的近侧,即各控制面靠近参考点的一侧为近侧,另一侧为远侧,如图 9-66 所示,3 个控制面朝外的一侧为近侧,另一侧为远侧。

4. 停止位置

在指定驱动面、零件面和检查面之前,必须选择刀具相对于所指定控制面的停止位置。

(1)近侧:指定刀具位于控制面的近侧时停止。

(2)远侧:指定刀具位于控制面的远侧时停止。

(3)在面上:指定刀具位于控制面上时停止。

(4)驱动面-检查面相切:指定刀具位于驱动面和检查面相切的位置时停止,如图 9-67 所示。

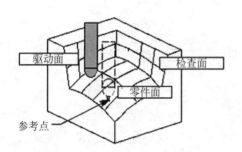

图 9-66　顺序铣的控制面和参考点

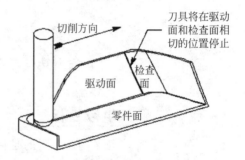

图 9-67　"驱动面-检查面相切"停止位置

(5)零件面-检查面相切:指定刀具位于零件面和检查面相切的位置时停止。

实战训练:可变轮廓铣编程加工

打开可变轮廓铣模型文件 D:\anli\9-kbz. prt,如图 9-68 所示,操作编程的基本过程,包括创建程序、创建刀具、创建加工方法和创建几何体,练习定义坐标系、安全平面、毛坯几何体,创建可变轮廓铣操作、选择驱动方法、定义刀具轴控制、生成刀轨、仿真模拟和生成 G 代码等。

图 9-68　可变轮廓铣编程加工练习

摩擦圆盘压铸模腔的
自动编程加工综合实例

本模块主要描述一个较为复杂零件的自动编程加工过程,本模块安排了粗加工、余料加工、精加工和清角加工。该者通过本模块的学习,体验 UG NX 8.5 软件编程中复杂零件加工不同驱动方法的指定与工序的创建过程。

任务 **10.1** 创建粗加工的型腔铣工序

 学习目标

本任务的主要目的是使读者能够正确进行加工前的准备工作,能够正确创建复杂零件的粗加工型腔铣工序,能够合理设置型腔铣的加工参数。

 任务描述

创建粗加工的型腔铣工序,图 10-1 所示为摩擦圆盘压铸模腔,该加工对象是一个较为复杂的模具模腔,零件材料为 45♯钢,数量为单件,毛坯为锻造的圆柱形坯料。

图 10-1　摩擦圆盘压铸模腔

知识链接

在模具型腔加工这种典型的单件生产中，零件毛坯往往是一个标准的立方块，通常在加工前会对毛坯进行初步的光面处理，大部分余量需要在粗加工中去除。在粗加工工序创建时，一般使用型腔铣工序，并且选择较大直径的刀具来提高粗加工的加工效率。

10.1.1　粗加工工序安排

一个复杂零件可能需要平面铣操作、型腔铣操作、固定轴曲面轮廓铣的多种驱动方法、钻操作，甚至包括模块9讲述的可变轴轮廓铣等一系列的操作才能完成加工。粗加工必须使用大直径刀具。粗加工应当以尽可能高的材料切除率为目标，综合考虑刀具尺寸、刀具材料、工件材料、机床的负载能力来决定切削深度、进给速度、切削速度的值。粗加工的切削深度、每齿进给率、步距（Stepover）的值比较大，受机床的负载能力的限制切削速度相对较小。

对于平面铣对象，经过大直径刀具的平面铣粗加工之后，可能在拐角和窄通道存在许多未切削材料，需要创建利用小直径刀具的平面铣粗加工操作清理这些未切削材料。

对于曲面零件，如果是经过大直径刀具的型腔铣粗加工之后，或利用曲面轮廓铣的边界驱动、区域铣削、曲面区域驱动、做粗加工之后，可能在凹进去的"山谷"部位（Valley）存在许多未切削材料，需要创建型腔铣的剩余铣操作或深度轮廓加工操作，利用小直径刀具进行补加工，清理这些未切削材料。

粗加工是为精加工做准备的。因此必须保证在精加工之前，工件上所有需要精加工的表面上为精加工保留的切削余量的厚度必须是基本均匀的。

10.1.2　粗加工参数的设置

参数的取值是否合理的原则：在保证零件的表面质量和精度以及足够刀具寿命的前提下充分发挥机床的能力（力、功率和速度），尽量提高加工效率（时间最短）。

从机床和刀具的负荷方面看，粗加工的时候，若进给速率、切削速度、切削深度取值不当已引起超出机床可以承受的负荷；刀具受损或不能保证足够的耐用度的情况。解决的办法是参考机械加工工艺手册中关于铣加工部分的切削参数。

限制选取较高的切削用量的原因是切削力和切削温度。在一定的刀具材料、刀具形态、刀具尺寸、被加工工件材料条件下，切削深度、切削宽度、每齿进给率是影响切削力的主要因素。粗加工的时候一般尽量取可能的最大每齿进给率，每齿进给率的取值主要考虑刀具的强度，对于立铣刀而言刀具直径越大，刀刃越多，其刀具强度就越大，允许取较大的每齿进给率。在一定的每齿进给率下，切削深度、切削宽度的取值过大将会导致切削力过大，一方面可能损坏刀具或超出机床的负荷；另一方面如果切削速度也较大，可能超出机床额定功率。通常如果切削深度必须取很大的值的时候切削宽度就必须取很小的值。

任务实施：创建摩擦圆盘压铸模腔粗加工的型腔铣工序

在本任务中，首先要进行初始设置，包括刀具的创建与几何体的创建，然后进行粗加工工序的创建。

由于零件的坯料是圆柱形，故首先应将型腔中的多余材料清除掉，由于型腔内表面为曲面，因此选用粗加工为型腔铣。

（1）选择"开始"→"程序"→Siemens NX 8.5→NX 8.5命令启动软件。

（2）选择"文件"→"打开"命令弹出"打开"对话框，选择文件 D:\anli\10-mcypyzmq.prt，单击"确定"按钮打开文件，直接进入 UG 建模环境。

（3）选择"开始"→"加工"命令，弹出"加工环境"对话框，"要创建的 CAM 设置"按照默认选择 mill_contour 模板后，单击"确定"按钮，进入加工环境。

（4）选择下拉菜单"分析"→"检查几何体"命令，弹出"检查几何体"对话框，在"要执行的检查/要高亮显示的结果"选项中选择"全部设置"命令，选择"选择对象"命令，框选整个零件，选择"操作"选项中的"检查几何体"命令对模型进行检查，检查结果全部通过，如果有一项不合格，都要对模型进行处理，一般在建模环境中去完善修改模型。

（5）选择下拉菜单"分析"→"局部半径"命令，弹出"局部半径分析"对话框，如图 10-2 所示，在"选择点"选项中，单击"选择点"图标，此时选择工件上最小圆角处，在"方位显示"选项中，选择"最大/最小相切半径"命令，在"曲率半径显示"选项中，选择"最小半径"命令，从而确定最小半径为 2，由此来确定所用刀具的最小圆角半径。

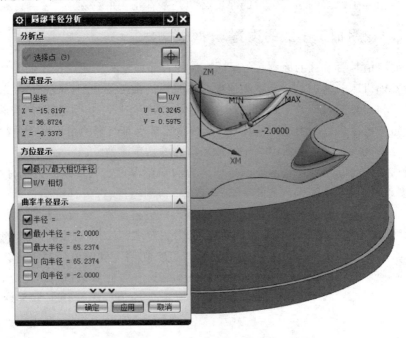

图 10-2　"局部半径分析"对话框

（6）首先打开工序导航器，用图钉使之固定，选择下拉菜单"格式"→WCS→"原点"命令弹出"点"对话框，按图设置，如图 10-3 所示，单击"确定"按钮就定义一个以零件上表面中心位置为原点的工作坐标系。

（7）单击工具栏中的"创建几何体"按钮 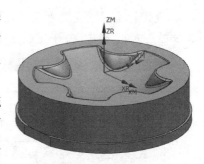，系统打开"创建几何体"对话框，如图 10-4 所示。选择几何体子类型为 MCS，输入名称为 MCS，单击"确定"按钮进行坐标系几何体的建立。系统打开 MCS 对话框，如图 10-5 所示。

图 10-3　定义工作坐标系

图 10-4　"创建几何体"对话框

图 10-5　MCS 对话框

在对话框中选择 CSYS 按钮，打开 CSYS 对话框，如图 10-6 所示，选择类型为"动态"，参考为 WCS，单击"确定"按钮将 MCS 设置与 WCS 重合，如图 10-7 所示。

图 10-6　CSYS 对话框

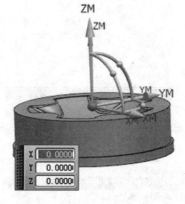

图 10-7　MCS 设置与 WCS 重合

在 MCS 对话框的"安全设置"参数组下，指定安全设置选项为"平面"，单击指定平面的"平面"按钮，打开"平面"对话框，如图 10-8 所示，指定类型为"XC-YC 平面"，距离为50,在图形上显示安全平面位置如图 10-9 所示,单击"确定"按钮完成平面指定。单击 MCS 对话框的"确定"按钮完成几何体 MCS 创建。

图 10-8 "平面"对话框

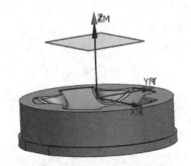

图 10-9 安全平面位置

(8) 双击 WORKPIECE 或在 WORKPIECE 上右击,选择"编辑"命令,弹出"工件"对话框,在几何体组中分别定义部件和毛坯,单击"指定部件"后面的图标 ,弹出"部件几何体"对话框,直接使用鼠标左键选择屏幕中的图形零件,单击"确定"按钮回到"型腔铣"对话框。再单击"指定毛坯"后面的图标 ,弹出"毛坯几何体"对话框,类型下选择"包容圆柱体"后系统自动在零件上添加圆柱毛坯体,如图 10-10 所示,单击"确定"按钮两次完成几何体的定义。分别单击 和 图标的手电筒,可分别查看刚刚定义的部件几何体和毛坯几何体。

(9) 单击创建工具条上的"创建刀具"按钮 ,弹出"创建刀具"对话框,如图 10-11 所示,选择刀具子类型为面铣刀,并输入名称"n1-D25",单击"应用"按钮打开"铣刀-5 参数"对话框。系统默认新建铣刀为 5 参数铣刀,如图 10-12 所示。设置刀具直径为 16,下半径为 0,长度为 121,刀刃长度为 45,刀刃数为 4,刀具为 1 的标准系列立铣刀,单击"确定"按钮创建铣刀 n1-D25。

图 10-10 选择"包容圆柱体"

图 10-11 "创建刀具"对话框

　　用同样方法创建名称为"n2. D16R2"的铣刀,设置刀具直径为16,下半径为2,刀刃数为2,刀具号为2。设置完各参数后单击"确定"按钮创建刀具"n2. D16R2"。

　　再创建名称为"n3. B8"的铣刀,设置刀具直径为8,下半径为4,刀具号为3,单击"确定"按钮完成刀具创建。

　　再创建名称为"T5-B4R2"的铣刀,设置刀具直径为4,下半径为2,刀具号为4,单击"确定"按钮完成刀具创建。

　　(10) 单击创建工序图标 ,弹出"创建工序"对话框,如图10-13所示,按图设置,选择"类型"为 mill_contour,选择工序子类型中的第1个图标型腔铣,"程序"为 NC_PROGRAM、"刀具"为 D16、"几何体"为 WORKPIECE、"方法"为 MILL_FINISH,单击"确定"按钮进入"型腔铣"对话框,如图10-14所示。

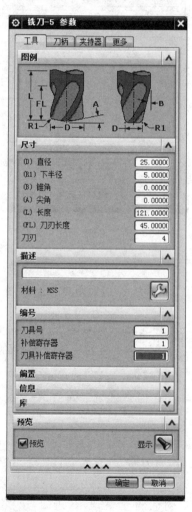

图 10-12　"铣刀-5 参数"对话框

图 10-13　"创建工序"对话框

（11）在"型腔铣"对话框单击"指定修剪边界"按钮，系统打开"修剪边界"对话框，设置"过滤器类型"为"曲线边界"，指定修剪侧为"外部"，如图10-15所示。拾取图形的上表面外轮廓线，则上表面的外边缘将成为修剪边界几何体。

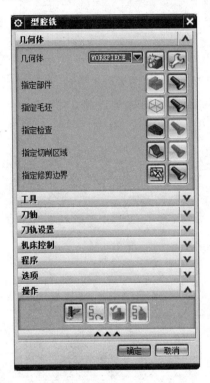

图10-14　"型腔铣"对话框

图10-15　"修剪边界"对话框

（12）刀轨设置：在"型腔铣"对话框中展开刀轨设置参数组，选择切削模式为"跟随周边"，设置平面直径百分比为50，每刀的公共深度为"恒定"方式，最大距离为1，如图10-16所示。

（13）在"型腔铣"对话框中，单击"切削参数"按钮进入切削参数设置。首先打开"策略"选项卡，设置参数如图10-17所示，切削顺序为"深度优先"，壁清理设置为"无"。

（14）设置余量参数，单击选择"切削参数"对话框顶部的"余量"选项卡，如图10-18所示，设置余量与公差参数。设置部件侧面余量与部件底面余量为不同值，分别为0.6、0.3，粗加工时内、外公差值均为0.1。

（15）设置拐角参数，单击选择"切削参数"对话框顶部的"拐角"选项卡，如图10-19所示，设置各参数。设置拐角处的刀轨形状，光顺为"所有刀路"。完成设置后单击"确定"按钮完成切削参数的设置，返回"型腔铣"对话框。

（16）单击"非切削移动"按钮，弹出"非切削移动"对话框，首先显示"进刀"选项卡，如图10-20所示，设置进刀参数。在封闭区域采用"螺旋"方式下刀，斜坡角为"10"，有利于刀具以均匀的切削力进入切削。在开放区域使用进刀类型为"线性"，长度为50%的刀具直径。

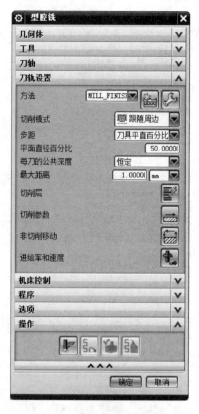

图 10-16 "型腔铣"对话框

图 10-17 "策略"选项卡

图 10-18 "余量"选项卡

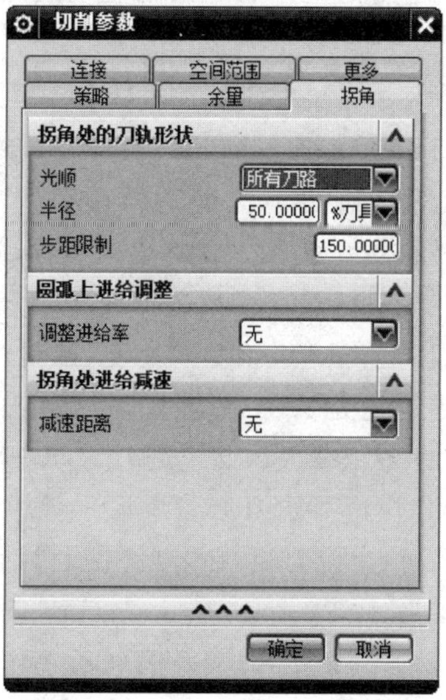

图 10-19 "拐角"选项卡

（17）单击"退刀"选项卡，如图 10-21 所示，设置退刀参数。设置退刀类型为"无"，直接退刀。

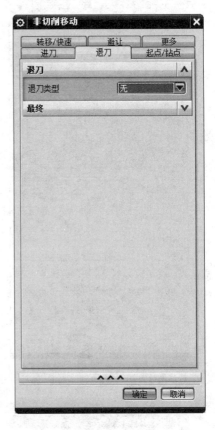

图 10-20 "进刀"选项卡   图 10-21 "退刀"选项卡

（18）单击选择"转移/快速"选项卡，设置安全设置选项为"平面"，选择上表面，"偏置"距离为 5。区域之间的转移类型为"安全距离-刀轴"，区域内的转移方式为"进刀/退刀"，转移类型为"安全距离-刀轴"，如图 10-22 所示。单击鼠标中键返回"型腔铣"对话框。

（19）单击"进给率和速度"按钮，弹出"进给率和速度"对话框，设置表面速度为 200，每齿进给量为 0.3，系统计算得到主轴转速与切削进给率，如图 10-23 所示。单击进给率下的"更多"参数组，设置进刀为 50%的切削进给率，第一刀切削为 60%的切削进给率，退刀设为"快速"，如图 10-24 所示。

（20）生成刀轨，在"型腔铣"对话框中单击"生成"按钮，计算生成刀轨。计算完成的刀轨如图 10-25 所示。

（21）确定工序，确认刀轨后单击"型腔铣"对话框底部的"确定"按钮，接受刀轨并关闭工序对话框。

图 10-22 "转移/快速"选项卡

图 10-23 "进给率和速度"对话框

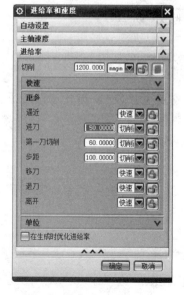

图 10-24 "更多"参数组

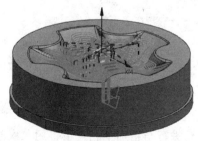

图 10-25 刀轨

任务 10.1 操作参考.mp4

(29.4MB)

 **任务总结**

在完成这个零件的粗加工型腔铣工序前还要进行初始设置。在完成任务过程中需要注意以下几点。

（1）创建坐标系几何体时，由于零件并非在绝对坐标原点位置，因此要使用工作坐标系来创建 MCS。

（2）创建工件几何体时，由于零件模型是实体模型，因而过滤方式能使用默认"实体"来指定部件。

（3）创建毛坯几何体时，由于加工对象在零件中间，且上边缘有倒圆角，所以无须扩展，符合实际加工时的毛坯形状。

（4）为限定切削范围，指定零件上表面的边缘作为修剪边界，将外部的路径进行修剪。

（5）在余量设置时，考虑部件的侧面还要做半精加工，而底面不再做半精加工，设置不同的部件余量。

（6）为使切削过程中刀具负荷稳定，进行拐角设置，设置拐角处的刀轨形状为光顺在所有刀路。

（7）非切削移动的进刀选项设置中，封闭区域采用螺旋下刀方式。

（8）在转移设置中，设置区域内的转移类型为"安全距离-刀轴"，使刀具在完成切削后抬刀到安全平面，方便在加工过程中对刀具进行检查。

（9）进给率与速度设置时，可以输入刀具推荐的表面速度与每齿切削量，由系统计算得到主轴转速与切削进给率。

任务 10.2　创建二次粗加工的剩余铣工序

 **学习目标**

本任务的主要目的是使读者了解二次粗加工的目的与实施方法，理解剩余铣的含义与设置，能够正确创建剩余铣加工工序。

 **任务描述**

此工序是粗加工后进行的二次粗加工，为确保精加工时加工余量均匀，用剩余铣来移除之前粗加工工序遗留下的多余材料，为下面的精加工做准备。

 **知识链接**

粗加工完成之后，需要进行与精加工相互衔接的二次粗加工。

粗加工的目的是快速将多余的毛坯料去除，为精加工留有均匀的余量。但往往在精加工之前，由于粗加工刀具大小的设定，加工深度的限定等，粗加工的刀具在某些区域的切削并为加工到位，可能在工件的某些区域留有大量的余料，而直接进行半精加工或精加工时，由于余料的不均匀，导致刀具在加工余料较大的区域时，切削量增大，切削阻力增大，加快了刀具的磨损，并且加工的品质得不到应有的保障，而且严重的，可能会产生断刀或过切的现象。因此有必要进行二次粗加工。

二次粗加工是将前一个程序未加工到的位置或所余留下来的余料，做进一步加工，达到清除多余余料的目的。

二次粗加工的几种方法介绍如下。

（1）使用3D：使用前一个程序未加工到的位置或所余留下来的余料，作为二次粗加工的毛坯加工。

使用3D二次粗加工与部件余量有关联，参考3D二次粗加工与开粗存在父子关系，在同一个WORKPIECE下面。

使用3D的特点：计算的精确、稳定、安全，但计算时间上会长一点。

（2）使用基于层：参考上一程序的层所留下的余料进行二次加工，基于层二次粗加工与部件余量有关联，基于层二次粗加工与粗加工（上一程序）存在父子关系，在同一个WORKPIECE下面。

使用基于层的特点：计算快、简单、抬刀少，该方案适合钢料加工使用。

（3）参考刀具：参考上一程序所使用的刀具所留下的余料（适合电极加工）。参考刀具的余量必须大于（粗加工）的余量，因为粗加工程序的刀具在加工的过程中存在磨损，为了防止在二次粗加工的时候刀具撞击。

参考刀具的特点：计算不精确，抬刀多，只适合与上一程序余量相同下进行清角。

任务实施：创建二次粗加工的操作的剩余铣

（1）选择创建工序按钮 ，弹出"创建工序"对话框，选择工序子类型为"剩余铣"，如图10-26所示。刀具选择为"N4-B4"，几何体选择几何体WORKPIECE9，单击"确定"按钮。

（2）在"剩余铣"对话框中展开刀轨设置参数组，选择切削模式为"跟随周边"，设置步距为"刀具平直百分比"方式，最大距离为20，公共每刀切削深度为"恒定"方式，最大距离为0.5，如图10-27所示。

（3）在"剩余铣"对话框中，单击"切削层"按钮进入切削层参数设置，弹出"切削层"对话框，将每刀的深度修改为0.5，单击"确定"按钮。

（4）在"剩余铣"对话框中，单击"切削参数"按钮进入切削参数设置。首先打开"策略"选项卡，设置参数如图10-28所示，切削顺序为"深度优先"，选择"岛清根"复选框，壁清理设置为"自动"。

（5）设置余量参数，单击"切削参数"对话框顶部的"余量"选项卡，如图10-29所示，设置余量与公差参数。设置部件侧面余量与部件底面余量一致为0.3，粗加工时内、外公差值均为0.08。

图 10-26   "创建工序"对话框

图 10-27   "剩余铣"对话框

图 10-28   "策略"选项卡

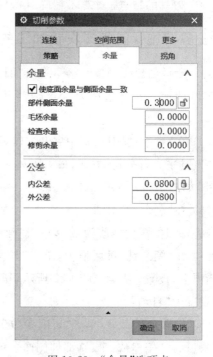

图 10-29   "余量"选项卡

（6）设置拐角参数，单击选择"切削参数"对话框顶部的"拐角"选项卡，如图10-30所示，设置各参数。设置拐角处的刀轨形状，光顺为"所有刀路"。完成设置后单击"确定"按钮完成切削参数的设置，返回"剩余铣"对话框。

（7）单击"非切削移动"按钮，弹出"非切削移动"对话框，首先显示"进刀"选项卡，如图10-31所示，设置进刀参数。在封闭区域采用"螺旋"方式下刀，斜坡角为10，有利于刀具以均匀的切削力进入切削。

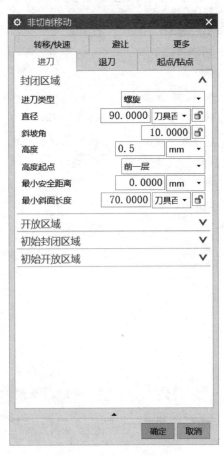

图 10-30 "拐角"选项卡　　　　图 10-31 "进刀"选项卡

（8）单击选择"退刀"选项卡，设置退刀参数。设置退刀类型为"无"，直接退刀。

（9）单击选择"转移/快速"选项卡，设置安全设置选项为"自动平面"，安全距离为20，区域之间的转移类型为"安全距离-刀轴"，区域内的转移方式为"进刀/退刀"，转移类型为"安全距离-刀轴"，如图10-32所示。单击鼠标中键返回"剩余铣"对话框。

（10）单击"进给率和速度"按钮，弹出"进给率和速度"对话框，设置主轴速度为4 000，切削进给率为1 500，如图10-33所示。单击鼠标中键返回"剩余铣"对话框。

（11）在"剩余铣"对话框中单击"生成"按钮 ，计算生成刀轨。计算完成的刀轨如图 10-34 所示。

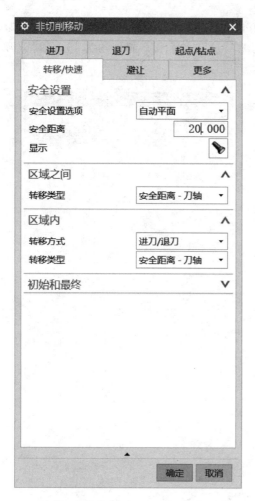

图 10-32　"转移/快速"选项卡

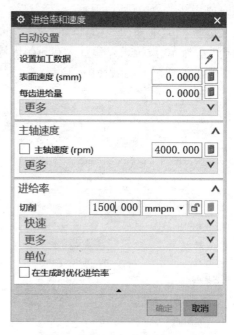

图 10-33　"进给率和速度"对话框

如图 10-34　剩余铣

任务总结

粗加工后进行的二次粗加工，是为确保精加工时加工余量均匀，创建工序时需要注意以下几点。

（1）参考 3D 二次粗加工与开粗存在父子关系，应在同一个 WORKPIECE 下面。

（2）基于层二次粗加工与粗加工（上一程序）存在父子关系，在同一个 WORKPIECE 下面。

（3）参考刀具的余量必须大于（粗加工）的余量。

任务 10.2 操作参考.mp4

（7.42MB）

任务 10.3　创建精加工的固定轮廓铣工序

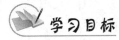

学习目标

本任务主要目的是使学习者能够根据任务情况选择适宜的驱动方法与切削模式，掌握区域铣削驱动方法的驱动设置，能够正确设置参数，创建区域铣削驱动的固定轮廓铣。

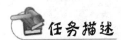

任务描述

创建精加工的固定轮廓铣工序，本任务要完成的是曲面的数控加工工序创建。该曲面为球面的一部分。这种曲面可以采用的驱动方法与切削模式有很多，本任务选择区域铣削驱动的固定轮廓铣进行加工。图 10-35 所示为摩擦圆盘压铸腔。

图 10-35　摩擦圆盘压铸模腔

知识链接

精加工是在经过粗加工后的零件表面上，只保留了一薄层均匀的切削余量，由精加工操作切除。通常，除平面铣对象之外的零件都是用曲面轮廓铣实现精加工。精加工操作使用较大的切削速度和根据表面粗糙度，使用较小的进给率/齿以及很小的步距（Stepover）。

图 10-36　陡峭表面与非陡峭表面

精加工操作加工所有表面可能造成不同部位的表面的粗糙度形成很大的差异，如图 10-36 所示。为了解决这个问题，同时兼顾效率，应当将陡峭表面与非陡峭表面的精加工分开进行。加工陡峭表面的操作使用较小的步距，加工非陡峭表面的操作使用较大的步距。分开加工陡峭表面和非陡峭表面的方法有多个：可以在区域铣削（Area Milling）操作中利用"陡峭容纳环"避开陡峭区，同时生成陡峭区的边界（Cleanup Geometry），然后创建这些边界的边界驱动操作；可以利用"准备几何"功能创建表面的陡峭区和非陡峭区，然后用两个区域铣削操作分这两种区域。

为了精加工的效率，对于非"山谷"部位，使用大直径的刀具（这样，可使用较大的步距和切削用量）；对于"山谷"，采用清根铣操作（How Cut）或射线状切削操作（Radial Cut）利用小直径刀具进行精加工。

任务实施：创建精加工铣削操作的固定轮廓铣

（1）创建区域铣削驱动的固定轮廓铣步骤如下。

① 创建工序，单击"创建"工具条上的"创建工序"按钮，弹出"创建工序"对话框如图 10-37 所示，选择工序子类型为固定轮廓铣，选择几何体为 NONE 和设置其他位置参数，单击"确定"按钮，打开"固定轮廓铣"对话框，如图 10-38 所示。

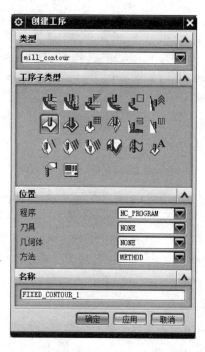

图 10-37　"创建工序"对话框

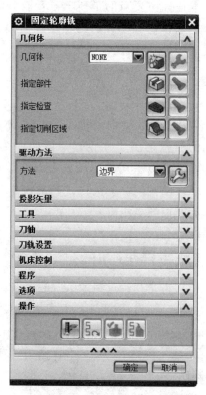

图 10-38　"固定轮廓铣"对话框

② 选择几何体，再次单击"几何体"项的"新建几何体"按钮，系统打开"新建几何体"对话框，如图 10-39 所示。选择几何体子类型为 WORKPIECE，再单击"确定"按钮进行铣削几何体建立，弹出"工件"对话框，如图 10-40 所示。

在"工件"对话框中单击"指定部件"按钮，拾取实体为"部件几何体"，如图 10-41 所示。单击"确认"按钮完成部件几何体的选择，返回"工件"对话框。

③ 指定毛坯，在"工件"对话框上单击"指定毛坯"按钮，系统弹出"毛坯几何体"对话框，指定类型为"部件的偏置"，并指定偏置值为 0.5，如图 10-42 所示。单击"确定"按钮完成毛坯几何图形的选择，返回"工件"对话框。单击"确定"按钮完成铣削几何体的创建。

图 10-39　"新建几何体"对话框

图 10-40　"工件"对话框

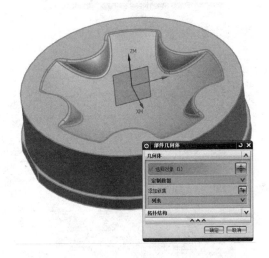

图 10-41　"部件几何体"对话框

图 10-42　"毛坯几何体"对话框

④ 新建刀具,在"固定轮廓铣"对话框中展开刀具参数组,单击"新建刀具"按钮,如图 10-43 所示,在打开的"新建刀具"对话框中指定刀具类型为球刀,名称为 D10R5,如图 10-44 所示,单击"确定"按钮进入刀具参数设置。设置刀具直径为 10,如图 10-45 所示,单击"确定"按钮创建铣刀 D10R5,返回"固定轮廓铣"对话框。

⑤ 在"固定轮廓铣"对话框的驱动方法中,选择驱动方法为"区域铣削",如图 10-46 所示。

⑥ 在"区域铣削驱动方法"对话框设置参数,如图 10-47 所示。设置完成后单击"显示"按钮,在图形上预览路径,如图 10-48 所示,单击"确定"按钮返回"固定轮廓铣"对话框。

图 10-43　单击新建按钮图标

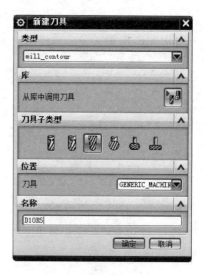

图 10-44　"新建刀具"对话框

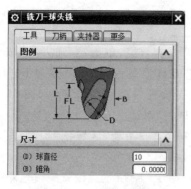

图 10-45　刀具参数设置

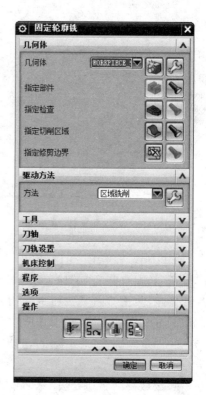

图 10-46　驱动方法设为"区域铣削"

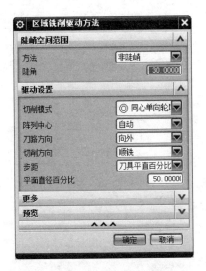

图 10-47　"区域铣削驱动方法"对话框

图 10-48　预览路径

⑦ 在"固定轮廓铣"对话框中单击"切削参数"按钮,系统打开"切削参数"对话框。首先打开"策略"选项卡,如图 10-49 所示,选择"在边上延伸"复选框,指定距离为 10％ 的刀具直径。完成设置后单击"确定"按钮返回"固定轮廓铣"对话框。

⑧ 在"固定轮廓铣"对话框中单击"非切削移动"按钮,则弹出"非切削移动"对话框,设置进刀参数,如图 10-50 所示。

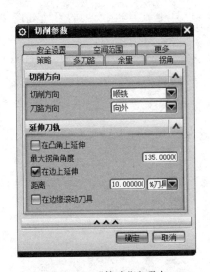

图 10-49　"策略"选项卡

图 10-50　"进刀"选项卡

⑨ 打开"退刀"选项卡,设置退刀参数如图 10-51 所示,指定退刀类型为"无",最终退刀类型"与开放区域退刀相同",单击"确定"按钮完成非切削参数的设置,返回"固定轮廓铣"对话框。

⑩ 单击选择"转移/快速"选项卡,设置安全设置选项为"平面",如图 10-52 所示。选

择零件上表面后,在弹出的数据框的"偏置"距离中输入5。单击鼠标中键返回"固定轮廓铣"对话框。

图 10-51　"退刀"选项卡

图 10-52　"转移/快速"选项卡

⑪　单击"进给率和速度"按钮,弹出"进给率和速度"对话框,设置表面速度为125,每齿进给量为0.2,计算得到主轴速度与切削进给率,如图 10-53 所示。单击鼠标中键返回"固定轮廓铣"对话框。

⑫　在"固定轮廓铣"对话框中单击"生成"按钮,计算生成刀轨,产生的刀轨如图 10-54 所示。

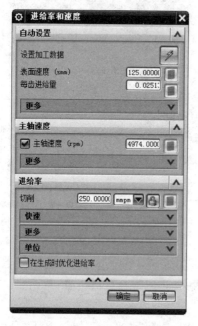

图 10-53　"进给率和速度"对话框

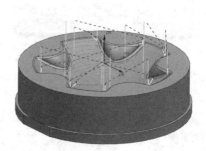

图 10-54　刀轨

⑬ 对刀轨进行检验，确认刀轨后单击"固定轮廓铣"对话框底部的"确定"按钮，接受刀轨并关闭"固定轮廓铣"对话框。

（2）创建深度加工轮廓的固定轮廓铣步骤如下。

① 创建工序，单击"创建"工具条上的"创建工序"按钮，如图 10-55 所示，选择工序子类型为深度加工轮廓，设置其他位置参数，单击"确定"按钮，打开"深度加工轮廓"对话框，如图 10-56 所示。

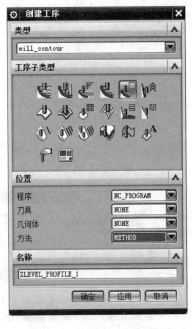

图 10-55　"创建工序"对话框

图 10-56　"深度加工轮廓"对话框

② 选择几何体，再次单击"几何体"项的"新建几何体"按钮，系统打开"新建几何体"对话框，如图 10-57 所示。选择几何体子类型为 workpiece，再单击"确定"按钮进行铣削几何体建立，弹出"工件"对话框，如图 10-58 所示。

③ 在"工件"对话框中单击"指定部件"按钮，拾取实体为"部件几何体"，如图 10-59 所示。单击"确认"按钮完成部件几何体的选择，返回"工件"对话框。

④ 指定毛坯，在"工件"对话框上单击"指定毛坯"按钮，弹出"毛坯几何体"对话框，指定类型为"部件的偏置"，并指定偏置值为 0.5，如图 10-60 所示。单击"确定"按钮完成毛坯几何图形的选择，返回"工件"对话框。单击"确定"按钮完成铣削几何体的创建。

图 10-57 "新建几何体"对话框

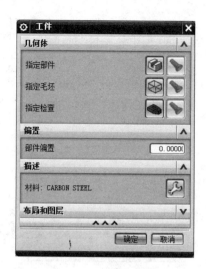

图 10-58 "工件"对话框

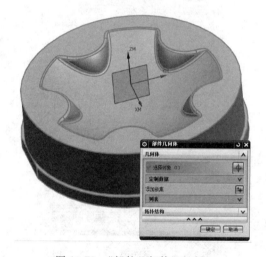

图 10-59 "部件几何体"对话框

图 10-60 "毛坯几何体"对话框

⑤ 新建刀具,在"深度加工轮廓"对话框中展开刀具参数组,单击"新建刀具"按钮,如图 10-61 所示,在打开的"新建刀具"对话框中指定刀具类型为球刀,名称为 D4R2,如图 10-62 所示,单击"确定"按钮进入刀具参数对话框。设置刀具直径为 4,如图 10-63 所示,单击"确定"按钮创建铣刀 D4R2,返回"固定轮廓铣"对话框。

⑥ 在"深度加工轮廓"对话框的刀轨设置中,设置相应参数,如图 10-64 所示。

⑦ 在"深度加工轮廓"对话框中单击"切削参数"按钮,弹出"切削参数"对话框。首先打开"策略"选项卡,如图 10-65 所示,选择"在边上延伸"复选框,指定距离为 45% 的刀具直径。完成设置后单击"确定"按钮返回"深度加工轮廓"对话框。

⑧ 在"深度加工轮廓"对话框中单击"非切削移动"按钮,则弹出"非切削移动"对话框,设置进刀参数,如图 10-66 所示。

图 10-61　单击"新建刀具"按钮

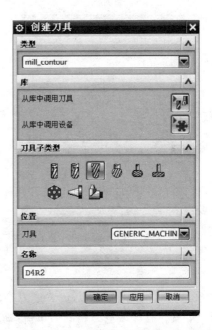

图 10-62　"新建刀具"对话框

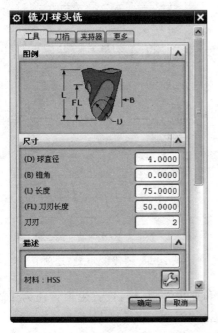

图 10-63　刀具

图 10-64　"深度加工轮廓"对话框

图 10-65 "策略"选项卡

图 10-66 "进刀"选项卡

⑨ 打开"退刀"选项卡,设置退刀参数如图 10-67 所示,指定退刀类型为"无",最终退刀类型"与开放区域退刀相同",单击"确定"按钮完成非切削参数的设置,返回"深度加工轮廓"对话框。

⑩ 单击选择"转移/快速"选项卡,设置安全设置选项为"平面",如图 10-68 所示,选择上零件表面,将弹出的对话框中的"偏置"距离设为 5,单击鼠标中键返回"深度加工轮廓"工序对话框。

图 10-67 "退刀"选项卡

图 10-68 "转移/快速"选项卡

⑪ 单击"进给率和速度"按钮,弹出"进给率和速度"对话框,设置主轴转速为 1 000,进给率为 150,如图 10-69 所示。单击鼠标中键返回"深度加工轮廓"对话框。

⑫ 在"深度加工轮廓"对话框中单击"生成"按钮,计算生成刀轨,产生的刀轨如图 10-70 所示。

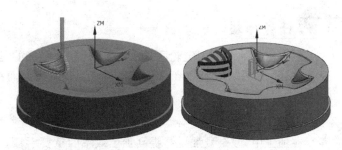

图 10-69　"进给率和速度"对话框　　　　　　　图 10-70　刀轨

⑬　对刀轨进行检验,确认刀轨后单击"深度加工轮廓"对话框底部的"确定"按钮,接受刀轨并关闭"深度加工轮廓"对话框。

（3）"变化"多个相同加工内容空间位置的操作如下。

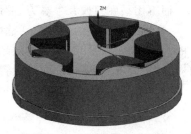

①　在操作导航工具中选取"深度加工轮廓"为变换的对象,然后右击,弹出快捷菜单,选择"对象"命令,选择对象。

②　弹出"变化"对话框,"类型"设为"绕点旋转","结果"设为"复制",最终效果如图 10-71 所示。

③　单击对话框底部的"确定"按钮,接受刀轨并关闭"深度加工轮廓"对话框。

图 10-71　多个相同刀路

 任务总结

本任务分为三种加工工序进行加工,分别是创建区域铣削驱动的固定轮廓铣;创建深度加工轮廓的固定轮廓铣;"变化"多个相同加工内容空间位置的操作。完成本任务需要注意以下几点。

任务 10.3 操作参考.mp4
（17.2MB）

（1）将连续的缓坡面采用区域铣削驱动的固定轮廓铣削方法有比较好的效果。

（2）在切削参数设置时选择打开"在边上延伸",以保证去除底部材料。

（3）若退刀类型选择"无",则直接抬刀。

（4）对于陡峭面可以采用深度加工轮廓的固定轮廓铣削方法有比较好的效果。

（5）多个相同加工内容空间位置不同的加工表面可以采用面向程序节点的操作。

任务 10.4　创建清根加工的固定轮廓铣工序

 学习目标

本任务主要目的是使读者能够根据任务情况选择适宜的驱动方法与切削模式,掌握清根加工驱动方法的驱动设置,能够正确设置参数,创建清根加工驱动的固定轮廓铣。

 任务描述

创建清根加工的固定轮廓铣工序,本任务要完成的是沿着零件面的凹角和凹谷生成驱动路径。去除在前面加工中使用了较大直径的刀具而在凹角处留下较多残料。

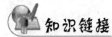 知识链接

在加工中,残余量加工是提高加工效率的重要手段,对于较小的角落加工,一般应采用按刀具从大到小分次加工,直至达到所需的尺寸,避免小刀一次加工完成。

清根切削沿着零件面的凹角和凹谷生成驱动路径。清根加工常用来去除在前面加工中使用了较大直径的刀具而在凹角处留下较多残料的加工。另外,清根切削也常用于半精加工,以减缓精加工时转角部位余量偏大带来的不利影响。清根铣削中,一般使用球头刀,而不用平底刀或者牛鼻刀,使用平底刀或者牛鼻刀很难获得理想的刀路轨迹。

在固定轮廓铣的工序对话框中选择驱动方法为"清根",打开"清根驱动方法"对话框。在对话框中,要将加工区域按陡峭程度进行划分,并可以分别设置非陡峭切削与陡峭切削的切削模式等选项。在"驱动设置"中可以选择清根类型,可以选择以下三种方式。

1．单刀路清根

沿着凹角与沟槽产生一条单一刀路轨迹,如图 10-72 所示。生成的刀路轨迹如图 10-73 所示。

图 10-72　单刀路清根

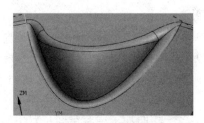

图 10-73　刀路轨迹

2. 多刀路清根

多刀路清根即指定每侧步距数与步距,在清根中心的两侧产生多条切削轨迹。多刀路的驱动设置选项如图 10-74 所示,需要设置步距、每侧步距数和顺序。生成的刀路轨迹如图 10-75 所示。

图 10-74　多刀路清根

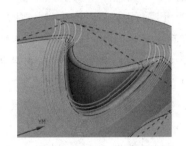

图 10-75　刀路轨迹

在创建工序时,可以在工序子类型中选择来创建"单刀路""多刀路"的清根加工工序。需要设置的驱动参数包括以下几项。

1) 驱动几何体

功能:驱动几何体通过参数设置的方法来限定切削范围。

设置:驱动几何体包括最大凹腔、最小切削长度与连接距离 3 个选项设置。

(1) 最大凹腔。决定清根切削刀轨生成所基于的凹角。刀轨只有在那些等于或者小于最大凹角的区域生成。当刀具遇到那些在零件面上超过了指定最大值的区域,刀具将回退或转移到其他区域。

(2) 最小切削长度。当切削区域小于所设置的最小切削长度,那么在该处将不生成刀轨。这个选项在排除圆角的交线处产生的非常短的切削移动是非常有效的。

(3) 连接距离。将小于连接距离的断开的两个部分进行连接,两个端点的连接是通过线性的扩展两条轨迹得到的。

2) 陡峭

功能:指定陡角来区分陡峭区域与非陡峭区域,加工区域将根据其倾斜的角度来确定采用非陡峭切削方法还是采用陡峭切削方法。

应用：指定角度后，再按下方指定的切削方法来确定是否生成刀路。

3）驱动设置

设置：选择"多刀路"时，将需要设置驱动参数，包括切削模式、步距与顺序。

（1）非陡峭切削模式。可以选择"无"，不加工非陡峭区域。清根类型为"单刀路"时，只能选择"单向"；清根类型为"多刀路"时，可以选择"单向""往复""往复上升"，选择的切削模式决定加工时的进给方式。

（2）步距与每侧步距数。步距指定相邻的轨迹之间的距离。可以直接指定距离，也可以使用刀具直径的百分比来指定。每侧步距数在清根类型为"多刀路"时设定偏置的数目。

（3）顺序。决定切削轨迹被执行的次序。顺序有以下 6 个选项，不同顺序选项生成的刀轨如图 10-76 所示。

① 由内向外：刀具由清根刀轨的中心开始，沿凹槽切第一刀，步距向外侧移动，然后刀具在两侧间交替向外切削，如图 10-76(a)所示。

② 由外向内：刀具由清根切削刀轨的侧边缘开始切削，步距向中心移动，然后刀具在两侧间交替向内切削，如图 10-76(b)所示。

③ 后陡：是一种单向切削，刀具由清根切削刀轨的非陡壁一侧移向陡壁一侧，刀具穿过中心，如图 10-76(c)所示。

④ 先陡：是一种单向切削，刀具由清根切削刀轨的陡壁一侧移向非陡壁一侧处，如图 10-76(d)所示。

⑤ 自由内向外交替：刀具由清根切削刀轨的中心开始，沿凹槽切第一刀，再向两边切削，并交叉选择陡峭方向与非陡峭方向，如图 10-76(e)所示。

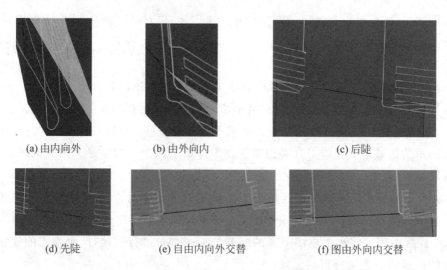

(a) 由内向外   (b) 由外向内   (c) 后陡

(d) 先陡   (e) 自由内向外交替   (f) 图由外向内交替

图 10-76　不同顺序选项生成的刀轨

⑥ 图由外向内交替：刀具由清根切削刀轨的一侧边缘开始切削，再切削另一侧，类似于环绕切削方式切向中心，如图10-76(f)所示。

（4）陡峭切削。设置：指定陡峭区域的切削模式与选项，它与非陡峭切削的选项基本相似。在陡峭切削模式设置中可以选择"无"，不加工陡峭区域；选择"同非陡峭"，采用与非陡峭区域相同的切削模式；或者指定单独的切削模式。

3. 清根参考刀具

功能：指定参考刀具的大小，并且可以指定一个重叠距离。

（1）参考刀具直径。通过指定一个参考刀具（之前加工用的刀具）直径，以刀具与零件产生双切点而形成的接触线来定义加工区域。所指定的刀具直径必须大于当前使用的刀具直径。

（2）重叠距离。扩展通过参考刀具直径沿着相切面所定义的加工区域的宽度，如图10-77所示。

图10-77　"清根驱动方法"对话框

任务实施：创建清根驱动的固定轮廓铣工序

（1）单击创建工具条上的"创建工序"按钮，打开"创建工序"对话框。选择工序子类型为"清根参考刀具"，指定刀具为D4R2，单击"确定"按钮打开"清根参考刀具"对话框，如图10-78所示。

（2）在对话框上单击"指定修剪边界"按钮，系统打开"修剪边界"对话框，选择过滤器类型为"边"，指定修剪侧为"外部"，拾取圆为修剪边界，如图10-79所示。

（3）驱动方法选择为"清根"，单击"编辑参数"按钮，系统弹出"清根驱动方法"对话框，如图10-80所示，设置清根类型为"参考刀具偏置"；陡峭空间范围的陡角为65。

（4）非陡峭区域切削模式为"往复"，切削方向为"混合"，步距为0.3，顺序为"由外向内交替"；陡峭切削模式为"同非陡峭"；参考刀具直径为10，重叠距离为0.2。单击"确定"按钮完成驱动方法设置，返回"清根参考刀具"对话框。

（5）在"清根参考刀具"对话框中单击"非切削移动"按钮，弹出"非切削移动"对话框。设置进刀类型为"插铣"，高度为2。单击"确定"按钮完成非切削移动参数的设置，返回"清根参考刀具"对话框。

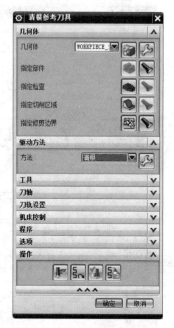

图 10-78 "清根参考刀具"对话框

图 10-79 "修剪边界"对话框

（6）单击"进给率和速度"的按钮，弹出"进给率和速度"对话框，设置主轴速度为4 000，切削进给率为1 000。单击鼠标中键返回"清根参考刀具"对话框。

（7）在"清根参考刀具"对话框中单击"生成"按钮，计算生成刀轨，产生刀轨如图 10-81所示。

图 10-80 "清根驱动方法"对话框

图 10-81 刀轨

（8）进行刀轨的检视，确认刀轨后单击"清根参考刀具"对话框底部的"确定"按钮，关闭"清根参考刀具"对话框。

（9）单击工具栏上的保存"按钮"按钮，保存文件，接受刀轨并关闭。

任务10.4 操作参考.mp4

（37.2MB）

 **任务总结**

本任务是利用清根加工驱动方法来辅助精加工工序，确保加工精度，完成本任务需要注意以下几点。

（1）指定陡角来区分陡峭区域与非陡峭区域。

（2）参考之前加工的刀具直径，以刀具与零件产生双切点而形成的接触线来定义加工区域。所指定的刀具直径必须大于当前使用的刀具直径。

（3）步距是指刀间的距离越小加工精度越高，一般精加工 0.1～0.3 就可以了，也可以用残余高度控制精度。

拓展知识：变换刀轨（CAM Transformation）

1. 功能选择

操作工具条（Manufacturing Objects）：变换对象图标（Transform Object）。

下拉菜单：选择"工具"（Tools）→"工序导轨器"（Operation Navigator）→"对象"（Object）→"变换"（Transform）命令。

操作导航工具弹出菜单：选择"对象"→"变换"命令。

2. 作用

CAM 的变换用于相对 MCS 改变操作刀轨的空间位置相关性。CAM 的变换操作方法与 CAD 的变换基本类似。不同之处是：CAM 的变换只用于改变刀轨的空间位置，可以实现引用（Instance）、多重复制（Multiple Copies）和多重引用（Multiple Instances）。

如果需要将刀轨复制到工件的其他位置，或者需要调整原刀轨的时候，就可以用 CAM 的变换功能来解决。比如经常要加工一些类似的几何要素，它们可能具有完全相同的几何形状，仅仅方位不同或大小不同或成镜像关系。对于这些要素不必逐个生成加工它们的操作及其刀轨，只需要生成一个，然后便可以利用变换通过复制生成这些操作。

但是，CAM 的变换仅仅对刀轨做变换，而属于非模型几何的回避（Avoidance）几何不能被变换，仍然保持在原位。因此对于通过变换产生的操作有时还需做一些编辑工作。

3. 功能

首先在操作导航工具中选取要变换的对象,可以直接选取一个或多个操作,也可以通过选取程序、几何、刀具、加工方法节点,选取其操作。

1) 平移

平移实现对刀轨的直线移位。操作方法如下。

(1) 在操作导航工具中选取要变换的对象,然后选择"对象"→"变换"命令,弹出如图 10-82 所示对话框。

(2) 类型选择"平移"。变换参数"运动"选择"至一点"命令指定参考点,然后指定终止点或选择"增量"输入平移的相对坐标值。在移动、复制、实例选项中选择一个结果,如图 10-83 所示。

图 10-82 "变换"对话框

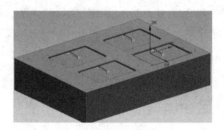

图 10-83 平移

2) 缩放

缩放是指按比例缩小或放大刀轨。操作方法如下。

(1) 在操作导航工具中选取要变换的对象,然后选择"对象"→"变换"命令。

(2) 类型选择"缩放"。变换参数"指定参考点"选择点。在移动、复制、实例选项中选择一个结果。

(3) 指定一参考点后于弹出的对话框中输入比例系数(输入 2 表示放大一倍,输入 0.5 表示缩小一半),如图 10-84 所示。

图 10-84 缩放

3）绕点旋转

在操作导航工具中选取要变换的对象，类型选择为"绕点旋转"；变换参数为"指定枢轴点"选择点；"角方法"选择"指定"输入角度或"两点"指定角起点，然后指定角终点；在移动、复制、实例选项中选择一个结果。

4）绕直线旋转

绕指定的轴线旋转刀轨。其操作方法如下。

在操作导航工具中选取要变换的对象，类型选择"绕直线旋转"；变换参数"直线方法"，选择"选择直线"；选择"两点"，先指定起点，然后指定终点；选择"点和矢量"，先指定点，然后指定矢量；"角度"给定角度；在移动、复制、实例选项中选择一个结果。

5）通过一直线镜像

过指定"直线"且垂直于 XC-YC 平面的对称平面生成原来刀轨的镜像。操作方法如下。

在操作导航工具中选取要变换的对象，类型选择"通过一直线镜像"；变换参数"直线方法""选择直线"；选择"两点"指定起点，然后指定终点；选择"点和矢量"指定点，然后指定矢量；在移动、复制、实例选项中选择一个结果。

6）通过一平面镜像

指定的对称平面生成原来刀轨的镜像，操作方法：在操作导航工具中选取要变换的对象，类型选择"通过一平面镜像"，变换参数"指定平面"。

7）矩形矩阵

在操作导航工具中选取要变换的对象，类型选择为"矩形矩阵"；变换参数"指定参考点""指定阵列原点"，给定"XC 向的数量""YC 向的数量""XC 偏置""YC 偏置""阵列角度"；在移动、复制、实例选项中选择一个结果。

8）圆形阵列

因为圆阵的方位决定于 WCS 的方位，所以必须先确定 WCS 的方位。

在操作导航工具中选取要变换的对象，类型选择"矩形矩阵"；变换参数"指定参考点""指定阵列原点"在原刀轨处指定参考点，然后要求为圆阵指定中心点，给定"数量""半径"圆阵中的任何一个刀轨上对应于原来刀轨的参考点处的点到阵中心的距离、"起始角""增量角度"，增量角就是圆阵中相邻两个刀轨之间的夹角；在移动、复制、实例选项中选择一个结果。

9）CSYS 到 CSYS

将原刀轨从指定的参考坐标系映射到目的坐标系，操作方法如下。

（1）在操作导航工具中选取要变换的对象，类型选择"CSYS 到 CSYS"；

（2）单击"CSYS"对话框按钮弹出坐标系构造器，指定方位；

（3）再指定一个目的坐标系，单击"确定"按钮。

实战训练：鼠标模型编程加工

打开零件模型文件 D:\anli\10-sbmx.prt，如图 10-85 所示，操作编程的基本过程，包括零件分析、创建程序、创建刀具、创建加工方法和创建几何体，练习定义坐标系、安全平面、零件几何体与毛坯几何体，创建较复杂零件的操作、指定面边界、设置操作参数、生成刀轨、仿真模拟和生成 G 代码等。

图 10-85　鼠标模型编程练习

参 考 文 献

[1] 康亚鹏,杨小刚,左立浩.UG NX 8.0 数控加工自动编程[M].4 版.北京：机械工业出版社,2011.

[2] 王卫兵,王金生.UG NX 8 数控编程学习情境教程[M].2 版.北京：机械工业出版社,2015.

[3] 张士军,韩学军.UG 设计与加工[M].北京：机械工业出版社,2009.

[4] 北京兆迪科技有限公司.UG NX 8.5 数控加工教程[M].北京：机械工业出版社,2013.

[5] 刘明慧.UG NX 6.0 应用项目教程-机械零件的造型与加工[M].北京：机械工业出版社,2012.

[6] 北京兆迪科技有限公司.UG NX 8.5 宝典曲面设计实例精解[M].北京：机械工业出版社,2013.

[7] 张士军,陈红娟.UG 数控加工[M].北京：机械工业出版社,2013.

[8] 袁锋.UG 机械设计工程范例教程(高级篇)[M].北京：机械工业出版社,2009.

[9] 王泽鹏,薛凤先.UG NX 6.0 中文版数控加工从入门到精通[M].2 版.北京：机械工业出版社,2009.

[10] 王树勋.UG NX 注塑模具设计[M].北京：清华大学出版社,2009.

[11] 孟爱英.UG NX 7.0 机械设计实例教程[M].北京：电子工业出版社,2013.

[12] 贺建群.UG NX 8.0 CAD 基础与典型实例教程[M].北京：电子工业出版社,2013.

[13] 夏天,彭力明,等.UG 塑料模具设计[M].北京：清华大学出版社,2011.

[14] 展迪优.UG NX 9.0 数控编程教程[M].北京：机械工业出版社,2014.

[15] 郝根生,康亚鹏.UG NX 7.5 数控加工自动编程[M].3 版.北京：机械工业出版社,2011.

[16] 吕小波.中文版 UG NX 6.0 数控编程经典学习手册[M].北京：兵器工业出版社,2009.

[17] 文杰书院.UG NX 8.5[M].北京：清华大学出版社,2014.